Александр Чихачев

Нестационарные задачи квантовой и классической механики

Александр Чихачев

Нестационарные задачи квантовой и классической механики

LAP LAMBERT Academic Publishing

Impressum / Выходные данные

Bibliografische Information der Deutschen Nationalbibliothek: Die Deutsche Nationalbibliothek verzeichnet diese Publikation in der Deutschen Nationalbibliografie; detaillierte bibliografische Daten sind im Internet über http://dnb.d-nb.de abrufbar.

Alle in diesem Buch genannten Marken und Produktnamen unterliegen warenzeichen-, marken- oder patentrechtlichem Schutz bzw. sind Warenzeichen oder eingetragene Warenzeichen der jeweiligen Inhaber. Die Wiedergabe von Marken, Produktnamen, Gebrauchsnamen, Handelsnamen, Warenbezeichnungen u.s.w. in diesem Werk berechtigt auch ohne besondere Kennzeichnung nicht zu der Annahme, dass solche Namen im Sinne der Warenzeichen- und Markenschutzgesetzgebung als frei zu betrachten wären und daher von jedermann benutzt werden dürften.

Библиографическая информация, изданная Немецкой Национальной Библиотекой. Немецкая Национальная Библиотека включает данную публикацию в Немецкий Книжный Каталог; с подробными библиографическими данными можно ознакомиться в Интернете по адресу http://dnb.d-nb.de.

Любые названия марок и брендов, упомянутые в этой книге, принадлежат торговой марке, бренду или запатентованы и являются брендами соответствующих правообладателей. Использование названий брендов, названий товаров, торговых марок, описаний товаров, общих имён, и т.д. даже без точного упоминания в этой работе не является основанием того, что данные названия можно считать незарегистрированными под каким-либо брендом и не защищены законом о брендах и их можно использовать всем без ограничений.

Coverbild / Изображение на обложке предоставлено: www.ingimage.com

Verlag / Издатель:
LAP LAMBERT Academic Publishing
ist ein Imprint der / является торговой маркой
OmniScriptum GmbH & Co. KG
Heinrich-Böcking-Str. 6-8, 66121 Saarbrücken, Deutschland / Германия
Email / электронная почта: info@lap-publishing.com

Herstellung: siehe letzte Seite /
Напечатано: см. последнюю страницу
ISBN: 978-3-659-18831-2

Copyright / АВТОРСКОЕ ПРАВО © 2014 OmniScriptum GmbH & Co. KG
Alle Rechte vorbehalten. / Все права защищены. Saarbrücken 2014

Оглавление

2

0.1 *Предисловие*

Решение конкретных задач физики требует,как правило, применения мощного аппарата вычислительной математики. При этом традиционно эти задачи, связанные, например, с ядерной физикой, теорией ускорителей, газовым разрядом, решаются с применением различных приближенных методов. Существуют, однако, такие области параметров, когда приближенные методы оказываются неприменимыми или дают недостоверные результаты. В связи с этим получило широкое распространение использование «метода моделей» - когда решение проблемы сосредоточивается на аналитическом изучении какой-либо одной стороны явления – в данном случае на нестационарности этого явления. В предлагаемой работе будут использованы точечные потенциалы для решения нестационарного уравнения Шредингера и модельный нестационарный потенциал, позволяющий получить точные решения для самосогласованной системы - как классической, так и квантовой.

Глава 1

Точечные потенциалы в квантовой механике

Введение

Известно небольшое количество точных решений нестационарного уравнения Шредингера, причем каждое такое решение может быть источником новых приближенных методов в теории атомных столкновений. В числе точных решений нестационарных уравнений Шредингера следует, в первую очередь, отметить решение К.Хусими [1] задачи об осцилляторе с переменной частотой. Далее отметим работу Г.Брейта [2] (см. также [3,4]), посвященную изучению туннелирования нуклонов при произвольных значениях относительной скорости движения ядер. В этой работе впервые, по-видимому, в нестационарной задаче использованы точечные потенциалы ядер. В дальнейшем метод потенциалов нулевого радиуса действия получил весьма широкое развитие. Существует большое число работ, посвященных изучению состояний рассеяния и связанных состояний в системе точечных центров. При этом изучались как одномерные, так и трехмерные системы. Укажем монографию Ю.Н.Демкова и В.Н.Островского [5], которая дает обзор многочисленных работ за соответствующий период. Е.А. Соловьевым написаны весьма интересные работы, см. [6,7]. Существенным продвижением в решении нестационарных задач, связанных с нейтрализацией и перезарядкой атомных частиц была работа С.К.Жданова и А.С.Чихачева [8] (см. также [9]).Эта работа инициировала работы по изучению процессов ионизации Е.А.Соловьева [7], , Даппена [10], Данареда [11] , ряд работ таких авторов, как Ванг, Бюргдорфер, Барани ([12], [13]). Тематику работ с движущимися точечными центрами можно условно разбить на три части. Во-первых, это изучение связанных состояний [8], [10], [14] [15]. Во-вторых – изучение состояния рассеяния и вероятности квантовых переходов - [9], [10], [16], и т.д. Эти работы изучают как одномерные, так и трехмерные системы. Кроме того, имеется ряд работ, изучающих пропагатор нестационарного уравнения Шредингера - это работы Шайтлера и Клебера [17], Манько и Чихачева [18], а также работа Додонова, Манько и Никонова [19]. Пропагаторы изучены только в одномерных системах.

Далее (в разделе I.4) будут изучены связанные состояния в стационарных трехмерных системах при помощи модифицированной модели точечного потенциала. Эта модель [24] адекватно описывает связанное состояние двух близко расположенных ям – состояние двух ям при уменьшении расстояния между ними до нуля плавно переходит в состояние одного центра, характеризующегося суммарной константой связи. Модифицированная модель для трехмерного случая обладает, в этом смысле, свойством одномерной модели. В обычно используемой трехмерной модели с производной нет плавного перехода при слиянии двух центров. Применение интегральных преобразований к уравнению Шредингера и использование «сжатых-растянутых» координат оказываются весьма эффективными средствами при решении нестационарных задач квантовой механики. Приемы, связанные с этими преобразованиями в перечисленных работах позволили найти ряд нетривиальных решений и, несомненно, не исчерпали своих возможностей.

1.1 Связанные состояния частицы в поле разбегающихся точечных потенциалов

1.1.1 Введение

Как уже отмечалось, представление о потенциале нулевого радиуса действия оказывается плодотворным для решения нестационарных задач квантовой механики. При помощи нестационарных моделей с точечными взаимодействиями, допускающих точное решение, изучались нуклонное туннелирование [2-4] и нейтрализация и перезарядка атомных частиц [8-11]. Большое число работ посвящено изучению рассеяния частиц точечными центрами (см., например, [20]). Ряд работ посвящен решению различных вопросов, связанных с поиском точного решения нестационарного уравнения Шредингера ([9,16,18]). Точечные потенциалы подробно изучались в монографии [21]. При этом представляются недостаточно изученными "связанные" состояния в системе разбегающихся центров. Под "связанными" состояниями имеются в виду состояния, описываемые функциями, достаточно быстро (экспоненциально) убывающими по пространственным переменным. Впервые, по-видимому, связанное состояние в системе разбегающихся центров в одномерной задаче рассматривалось в работе [8]. В данном разделе будут изучены связанные состояния для одномерной и трехмерной систем, причем будут также рассматриваться системы, характеризуемые разной глубиной уровня разбегающихся центров. Решения будут определяться при помощи опережающей функции Грина. В заключительном разделе приведено сравнение двух разных способов решения интегрального уравнения с разностным ядром.

1.1.2 Симметричная задача в одномерной модели

Пусть имеется одномерное уравнение Шредингера следующего вида:

$$i\frac{\partial \psi}{\partial t} + \frac{1}{2}\frac{\partial^2 \psi}{\partial x^2} = -\alpha[\delta(x - vt) + \delta(x + vt)]\psi(x,t). \tag{1.1.1}$$

Здесь $\psi(x,t)$ - пси-функция, используется система единиц, в которой $m = \hbar = e = 1$. При $v = 0$ (1) имеет решение, описывающее единственное связанное состояние:

$$\psi(x,t) = \text{const} \cdot \exp\{-2\alpha|x|\}\exp\{2i\alpha^2 t\}.$$

Опережающая функция Грина свободного уравнения Шредингера имеет вид:

$$G_0^{(-)} = \frac{-\sigma(t' - t)}{\sqrt{-2\pi i(t' - t)}}\exp\{-\frac{i(x - x')^2}{2(t' - t)}\}, \tag{1.1.2}$$

(где $\sigma(x) = 1, x \geq 0, \sigma = 0, x < 0$. Уравнение (1) с учетом (2) может быть представлено в интегральной форме:

$$\psi(x,t) = \frac{\alpha}{\sqrt{2\pi i}}\int_t^\infty \frac{dt'}{\sqrt{t' - t}}\left\{\exp[-\frac{i(x - vt)^2}{2(t' - t)}] + \exp[-\frac{(x + vt)^2}{2(t' - t)}]\right\}\psi(vt', t). \tag{1.1.3}$$

Рассмотрим симметричный случай: $\psi(x,t) = \psi(-x,t)$. Если обозначить $f(t) = \exp\{-\frac{iv^2 t}{2}\}\psi(vt,t)$, то из (3) следует интегральное уравнение для f:

$$f = \frac{\alpha}{\sqrt{2\pi i}}\int_t^\infty \frac{dt' f(t')}{\sqrt{t' - t}}\left(1 + \exp[-\frac{2iv^2 tt'}{t' - t}]\right). \tag{1.1.4}$$

Уравнение (4) может быть приведено к уравнению с разностным ядром посредством замены $t = \frac{1}{\tau}, t' = \frac{1}{\tau'}, g(\tau) \equiv \frac{f(1/\tau)}{\tau^{3/2}}$. Для образа Лапласа $h(p) = \int_0^\infty g(\tau) \exp(-p\tau) d\tau$ можно получить дифференциальное уравнение первого порядка, для решения которого удобно положить : $p = \frac{q^2}{2i}$. Решение имеет вид:

$$h(q) = C_0 \exp\left(i\alpha q - \frac{i\alpha}{2v} e^{-2vq} + \frac{i\alpha}{2v}\right). \qquad (1.1.5)$$

В решение введен множитель $\exp\left\{+\frac{i\alpha}{2v}\right\}$, который обеспечивает плавный переход к случаю $v \to 0$ (при этом C_0 не зависит от v). Обратное преобразование Лапласа позволяет получить следующее решение для $f(t)$:

$$f(t) = -\frac{C_0}{2\pi t^{3/2}} \int_{i\infty}^\infty q \, dq \exp\left\{-\frac{iq^2}{2t} + \frac{i\alpha}{2v} - \frac{i\alpha}{2v} e^{-2vq} + i\alpha q\right\}. \qquad (1.1.6)$$

Контур интегрирования в комплексной плоскости q представляет собой два луча - от $+i\infty$ до 0 и от 0 до $+\infty$. Использование разложения

$$\exp\left(-\frac{i\alpha}{2v} e^{-2vq}\right) = \sum_s \frac{1}{s!} \left(-\frac{i\alpha}{2v}\right)^s e^{-2svq}$$

приводит к равенству:

$$f(t) = \frac{C_0}{\sqrt{2\pi i}} \sum_s \frac{1}{s!} \left(-\frac{i\alpha}{2v}\right)^s (\alpha + 2ivs) \exp(\frac{it}{2}(\alpha + 2ivs)^2) \exp(\frac{i\alpha}{2v}). \qquad (1.1.7)$$

Чтобы получить решение уравнения (1) в явном виде, следует вычислить интеграл:

$$\psi(x,t) = \frac{\alpha}{\sqrt{2\pi i}} \int_t^\infty \frac{dt'}{\sqrt{t'-t}} f(t') e^{-\frac{iv^2 t'}{2}} \left(\exp\left(-\frac{i(x-vt')^2}{2(t'-t)}\right) + \exp\left(-\frac{i(x+vt)^2}{2(t'-t)}\right)\right).$$

Получим:

$$\psi(x,t) = \sum B_s e^{\frac{it}{2}(\alpha+2ivs)^2 - \frac{iv^2 t}{2}} \left\{e^{ivx-(\alpha+2ivs)|x-vt|} + e^{-ivx-(\alpha+2ivs)|x+vt|}\right\}, \qquad (1.1.8)$$

где $B_s = \frac{\alpha C_0}{\sqrt{2\pi i}} \left(-\frac{i\alpha}{2v}\right)^s e^{\frac{i\alpha}{2v}} \frac{1}{s!}$. Выражение (8) совпадает с решением, полученным другим методом в работе [8]. Решение (8) является симметричным по x решением уравнения (1). Если в (8) сумму экспонент в фигурных скобках заменить на их разность, то полученное выражение также будет удовлетворять уравнению (1). Это решение, антисимметричное по x, найдено в работе [10]. Отметим, что если симметричное решение при $v \to 0$ переходит в связанное состояние одного δ-центра с удвоенной константой связи, то антисимметричное решение при $v \to 0$ переходит в $\psi \equiv 0$.

1.1.3 Одномерная модель для центров с разной глубиной

Рассмотрим в этом разделе несимметричный случай - разбегания δ - центров, характеризующихся различной глубиной связанного уровня. Уравнение Шредингера

$$i\frac{\partial \psi}{\partial t} + \frac{1}{2}\frac{\partial^2 \psi}{\partial x^2} = -[\alpha\delta(x-vt) + \beta\delta(x+vt)]\psi$$

в интегральной форме имеет вид:

$$\psi = \frac{1}{\sqrt{2\pi i}} \int\limits_t^\infty \frac{dt'}{\sqrt{t'-t}} \left(\alpha f_1(t') e^{-\frac{i(x-vt')^2}{2(t'-t)}} + \beta f_2(t') e^{-\frac{i(x+vt')^2}{2(t'-t)}} \right),$$

где $f_1 = e^{-\frac{iv^2 t}{2}} \psi(vt, t)$, $f_2 = e^{-\frac{iv^2 t}{2}} \psi(-vt, t)$. Вместо одного уравнения (4) получим систему:

$$\begin{cases} f_1(t) = \frac{\alpha}{\sqrt{2\pi i}} \int\limits_t^\infty \frac{dt'}{\sqrt{t'-t}} f_1(t') + \frac{\beta}{\sqrt{t'-t}} \int\limits_t^\infty \frac{dt'}{\sqrt{t'-t}} f_2(t') e^{-\frac{2iv^2 tt'}{t'-t}}, \\ f_2(t) = \frac{\alpha}{\sqrt{2\pi i}} \int\limits_t^\infty \frac{dt'}{\sqrt{t'-t}} f_1(t') e^{-\frac{2iv^2 tt'}{t'-t}} + \frac{\beta}{\sqrt{2\pi i}} \int\limits_t^\infty \frac{dt'}{\sqrt{t'-t}} f_2(t'). \end{cases} \quad (1.1.9)$$

Введем, далее, определение $h_{1,2} = \int\limits_0^\infty g_{1,2}(\tau) \exp(-p\tau) d\tau$, где $g_{1,2} = \frac{f_{1,2}(1/\tau)}{\tau^{3/2}}$. Для $h_{1,2}(q)$ $\left(p = \frac{q^2}{2i} \right)$ получим систему уравнений:

$$\begin{cases} -\frac{i}{q} \frac{dh_1}{dq} = \frac{\alpha}{q} h_1 + \frac{\beta}{q} h_2 e^{-2vq}, \\ -\frac{i}{q} \frac{dh_2}{dq} = \frac{\alpha}{q} h_1 e^{-2vq} + \frac{\beta}{q} h_2. \end{cases} \quad (1.1.10)$$

Система (10) имеет решение следующего вида:

$$h_1 = e^{(-v - i\frac{\alpha+\beta}{2})} \left\{ C_1 J_{\frac{1}{2} + i\frac{\alpha-\beta}{4v}}(z) + C_2 J_{\frac{1}{2} - i\frac{\alpha-\beta}{4v}}(z) \right\}, \quad (1.1.11)$$

$$h_2 = e^{(-v - i\frac{\alpha+\beta}{2})} \left\{ C_3 J_{\frac{1}{2} - i\frac{\alpha-\beta}{4v}}(z) + C_4 J_{\frac{1}{2} - i\frac{\alpha-\beta}{4v}}(z) \right\}, \quad (1.1.12)$$

где $z = \frac{\sqrt{\alpha\beta}}{2v} e^{-2vq}$, $J_\nu(z)$ - функции Бесселя, C_i - произвольные константы. В случае $\alpha = \beta$ и симметричного состояния $h_1 \equiv h_2$ при $C_1 = iC_2$ можно получить

$$h_1 = h_2 = \sqrt{\frac{2}{\pi} \frac{2v}{\alpha}} \exp \left\{ -i\alpha q - e^{-2vq} \frac{i\alpha}{2v} \right\} C_*.$$

При $C_* \sim \exp\{\frac{\alpha i}{2v}\}$ решение соответствует случаю, рассмотренному в предыдущем разделе. В общем случае использование разложений функций Бесселя в ряды позволяет получить решение, описывающее связанное состояние в следующем виде:

$$\psi(x, t) = e^{-\frac{iv^2 t}{2}} \sum_s \left\{ C_s^{(1)} \varphi_s(z_-, t) e^{ivx} + C_s^{(2)} \chi_s(z_+, t) e^{-ivx} \right\} \quad (1.1.13)$$

где $z_\pm = |x \pm vt|$, $\varphi_s = \exp(-a_s z + \frac{ia_s^2 t}{2})$, $\chi_s = \exp(-b_s z + \frac{ib_s^2 t}{2})$. Величины a_s и b_s определяются соотношениями:

$$a_{2s+1} = \beta + 2iv(2s+1), b_{2s+1} = \alpha + 2iv(2s+1), a_{2s} = \alpha + 4ivs, b_{2s} = \beta + 4ivs.$$

Коэффициенты $C^{(1)}$ имеют вид:

$$C_{2l}^{(1)} = (-\frac{\alpha\beta}{16v^2}) C_0 M_l, \quad C_{2l+1}^{(1)} = \frac{\alpha}{4iv} (-\frac{\alpha\beta}{16v^2}) C_0 N_l,$$

где $M_l = \frac{1}{l!} \frac{\Gamma(1/2 + (\alpha-\beta)/4iv)}{\Gamma(1/2 + l + (\alpha-\beta)/4iv)}$, $N_l = \frac{1}{l!} \frac{\Gamma(1/2 - (\alpha-\beta)/4iv)}{\Gamma(3/2 + l - (\alpha-\beta)/4iv)}$. Коэффициенты $C^{(2)}$ получаются из $C^{(1)}$ при замене α на β и β на α. Справедливость выражения (13) может быть проверена непосредственной подстановкой в уравнение. Это решение также было найдено в работе [14].

1.1.4 Трехмерная симметричная задача

В 3-х мерном случае одного движущегося с постоянной скоростью δ-центра связанное состояние описывается ψ-функцией следующего вида:

$$\psi = \frac{1}{|\mathbf{r} - \mathbf{v}t|} \exp\{-\kappa|\mathbf{r} - \mathbf{v}t| + i\mathbf{v}(\mathbf{r} - \mathbf{v}t) + i\frac{v^2 t}{2} + i\frac{\kappa^2 t}{2}\}. \tag{1.1.14}$$

Эта функция удовлетворяет уравнению Шредингера вида:

$$i\frac{\partial \psi}{\partial t} + \frac{1}{2}\triangle\psi = \frac{2\pi}{\kappa}\delta(\mathbf{r} - \mathbf{v}t)[(1 - i\mathbf{v}(\mathbf{r} - \mathbf{v}t))\psi + (\mathbf{r} - \mathbf{v}t)\nabla\psi] \tag{1.1.15}$$

Константа κ характеризует глубину связанного уровня. Решение (15) может быть найдено с помощью опережающей функции Грина:

$$G_0^{(-)} = \frac{\sigma(t' - t)}{[2\pi i(t' - t)]^{3/2}} \exp\left\{-\frac{i(\mathbf{r} - \mathbf{r}')^2}{2(t' - t)}\right\}$$

Правая часть уравнения (15) не равна нулю только в точке $\mathbf{r} = \mathbf{v}t$, а в окрестности этой точки $\psi \sim c(t)\left(\frac{1}{|\mathbf{r}-\mathbf{v}t|} - \kappa + \frac{i\mathbf{v}(\mathbf{r}-\mathbf{v}t)}{|\mathbf{r}-\mathbf{v}t|}\right)$. Из (15) следует:

$$\psi = -\frac{2\pi}{(2\pi i)^{3/2}} \int\limits_t^\infty \frac{dt' c(t')}{(t' - t)^{3/2}} \left\{\exp\left[-\frac{i(\mathbf{r} - \mathbf{v}t')^2}{2(t' - t)}\right]\right\} \tag{1.1.16}$$

Если $c(t) = \exp\{\frac{i\kappa^2 t}{2} + \frac{iv^2 t}{2}\}$, то из (16) следует соотношение (14), т.е. выполнены граничные условия для ψ-функции в точке, где находится δ-центр. В случае разбегающихся центров уравнение Шредингера имеет вид:

$$i\frac{\partial \psi}{\partial t} + \frac{1}{2}\triangle\psi = \frac{2\pi}{\kappa}\{\delta(\mathbf{r} - \mathbf{v}t)[(1 - i\mathbf{v}(\mathbf{r} - \mathbf{v}t))\psi + (\mathbf{r} - \mathbf{v}t)\nabla\psi] +$$
$$+ \delta(\mathbf{r} + \mathbf{v}t)[(1 + i\mathbf{v}(\mathbf{r} + \mathbf{v}t))\psi + (\mathbf{r} + \mathbf{v}t)\nabla\psi]\}, \tag{1.1.17}$$

. С учетом значений ψ-функции в точках $\mathbf{r} = \pm\mathbf{v}t$ $\left(\psi \cong c(t)\left(\frac{1}{|\mathbf{r}\pm\mathbf{v}t|} - \kappa \mp \frac{i\mathbf{v}(\mathbf{r}\mp\mathbf{v}t)}{|\mathbf{r}\pm\mathbf{v}t|}\right)\right)$, из (17) следует:

$$\psi = -\frac{2\pi}{(2\pi i)^{3/2}} \int\limits_t^\infty \frac{dt' c(t')}{(t' - t)^{3/2}} \left\{\exp\left[-\frac{i(\mathbf{r} - \mathbf{v}t')^2}{2(t' - t)}\right] + \exp\left[-\frac{i(\mathbf{r} + \mathbf{v}t')^2}{2(t' - t)}\right]\right\}. \tag{1.1.18}$$

Для того, чтобы получить уравнение для $c(t)$, вычислим $\{[1 - i\mathbf{v}(\mathbf{r} - \mathbf{r}t) + (\mathbf{r} - \mathbf{r}t)\nabla]\psi\}|_{\mathbf{r}\to\mathbf{v}t}$. Получим:

$$-\kappa c(t) = -\frac{2\pi}{(2\pi i)^{3/2}} \int\limits_t^\infty \frac{dt' c(t')}{(t' - t)^{3/2}} \left\{\left[\left(1 - i\mathbf{v}(\mathbf{r} - \mathbf{v}t) - \frac{i(\mathbf{r} - \mathbf{v}t)(\mathbf{r} - \mathbf{v}t')}{t' - t}\right) \times\right.\right.$$
$$\left.\left.\times \exp\left(-\frac{i(\mathbf{r} - \mathbf{v}t')^2}{2(t' - t)}\right)\right]\right|_{\mathbf{r}\to\mathbf{v}t} + \exp\left(-\frac{iv^2(t' + t)^2}{2(t' - t)}\right)\right\}.$$

Положим, далее, $c(t) = g(t)\exp\left\{\frac{iv^2 t}{2}\right\}$. Первое слагаемое, прежде, чем преходить к пределу $\mathbf{r} = \mathbf{v}t$, проинтегрируем по частям. Подстановку

$$\frac{2}{(t' - t)^{3/2}} \exp\left\{\frac{iv^2 t}{2} - \frac{i(\mathbf{r} - \mathbf{v}t)^2}{2(t' - t)}\right\} g(t')\bigg|_{t'=t}^{t'=\infty}$$

будем считать равной нулю. Если записать показатель экспоненты в размерных переменных, то в знаменателе появится параметр $\hbar$. Следует заменить $\hbar \to \hbar(1+i\varepsilon)$, где ε - малая положительная величина. При вычислении подстановки при $t' > t$ следует сначала устремить $t' \to t$, а затем положить $\varepsilon = 0$. Отметим, что эта процедура эквивалентна процедуре "вычитания бесконечностей описанной в монографии [5]. В результате $g(t)$ удовлетворяет уравнению:

$$g(t) = -\frac{2i}{\kappa\sqrt{2\pi i}} \int\limits_{t}^{\infty} \frac{\dot{g}(t')dt'}{\sqrt{t'-t}} - \frac{i}{\kappa\sqrt{2\pi i}} \int\limits_{t}^{\infty} \frac{g(t')dt'}{(t'-t)^{3/2}} e^{-\frac{2iv^2 t}{t'-t}}. \tag{1.1.19}$$

При замене переменных $t = \frac{1}{\tau}$, $t' = \frac{1}{\tau'}$, $g\left(\frac{1}{\tau}\right) = h(\tau)\sqrt{\tau}$ можно получить:

$$h(\tau) = \frac{i}{\kappa\sqrt{2\pi i}} \int\limits_{0}^{\tau} \frac{d\tau'(2\dot{h}(\tau')\tau' + h(\tau'))}{\sqrt{\tau-\tau'}} - \frac{i\tau}{\kappa\sqrt{2\pi i}} \int\limits_{0}^{\tau} \frac{d\tau' h(\tau') e^{-\frac{2iv^2}{\tau-\tau'}}}{(\tau-\tau')^{3/2}}. \tag{1.1.20}$$

Интегральное уравнение (20) характеризуется ядром, зависящим от разности и может быть решено при помощи преобразования Лапласа. Если положить $H(p) = \int\limits_{0}^{\infty} e^{-p\tau} h(\tau)d\tau$, то можно получить для $H(p)$ дифференциальное уравнение первого порядка:

$$\kappa H(p) = -\frac{i}{\sqrt{2ip}}\left(H(p) + 2p\frac{dH}{dp}\right) + \frac{1}{2v}\frac{d}{dp}\left(H(p)e^{-vq\sqrt{2ip}}\right).$$

Положим $p = \frac{q^2}{2i}$. Тогда уравнение для H можно записать следующим образом:

$$i\kappa H(q)q = a'(q)H + a(q)H', \tag{1.1.21}$$

где $a(q) = q - \frac{1}{2v}e^{-2vq}$, $a' = \frac{da}{dq} = 1 + e^{-2vq}$. Решение (18) имеет вид:

$$H = \frac{\text{const}}{a(q)} e^{i\kappa\int\limits_{0}^{q} \frac{q'dq'}{a(q')}}. \tag{1.1.22}$$

При этом $g(t)$ определяется равенством:

$$g(t) = \frac{\text{const}}{\sqrt{t}} \int\limits_{L} e^{-\frac{iq^2}{2t}} q\,dq\,H(q). \tag{1.1.23}$$

Контур L представляет собой лучи $(i\infty, 0)$ и $(0, +\infty)$. Поскольку $c(t) = g(t)e^{\frac{iv^2 t}{2}}$, из (23) следует:

$$\psi(\mathbf{r}, t) = \text{const} \int\limits_{t}^{\infty} \frac{dt' e^{iv^2 t'}2}{(t'-t)^{3/2}} \frac{1}{\sqrt{t'}} \int\limits_{L} q\,dq\,e^{\frac{iq^2}{2t'}} \frac{1}{a(q)} e^{i\kappa\int\limits_{0}^{q}\frac{q'dq'}{a(q')}} \left\{ e^{-\frac{i(\mathbf{r}-\mathbf{v}t')^2}{2(t'-t)}} + e^{-\frac{i\mathbf{r}+\mathbf{v}t')^2}{2(t'-t)}} \right\} \equiv$$

$$\equiv \text{const}\{\psi_- + \psi_+\}.$$

Вычислим $\psi_{\pm} = \int\limits_{t}^{\infty} \frac{dt' e^{\frac{iv^2 t'}{2}}}{(t'-t)^{3/2}\sqrt{t'}} \int\limits_{L} q\,dq\,e^{\frac{iq^2}{2t'}} \frac{1}{a(q)} e^{i\kappa\int\limits_{0}^{q}\frac{q'dq'}{a(q')}} e^{-\frac{i(\mathbf{r}\pm\mathbf{v}t')^2}{2(t'-t)}}$. Если воспользоваться равенством $\frac{1}{\sqrt{t'}}e^{-\frac{iq^2}{2t'}} = \frac{1}{\sqrt{2\pi i}}\int dp\,e^{\frac{ip^2 t'}{2}-ipq}$, то можно вычислить интеграл по времени:

$$\frac{1}{\sqrt{2\pi i}} \int\limits_{t}^{\infty} \frac{dt'}{(t'-t)^{3/2}} \exp\left\{ \frac{iv^2 t'}{2} + \frac{ip^2 t'}{2} - \frac{i(\mathbf{r} \pm \mathbf{v}t')^2}{2(t'-t)} \right\} =$$

$$= \frac{1}{i|\mathbf{r} \pm \mathbf{v}t|} \exp\left\{ \pm i\mathbf{v}(\mathbf{r} \pm \mathbf{v}t) + \frac{ip^2t}{2} + \frac{iv^2t}{2} - p|\mathbf{r} \pm \mathbf{v}t| \right\}.$$

Далее, может быть вычислен $\int dp$: $\int dp e^{\frac{ip^2t}{2} - ipq - pr_\pm} = \sqrt{\frac{2\pi i}{t}} e^{-\frac{i(q-ir_\pm)^2}{2t}}$, где $r_\pm = |\mathbf{r} \pm \mathbf{v}t|$. В результате, опуская несущественный постоянный множитель, получим:

$$\psi_\pm = \frac{\exp\left(\frac{iv^2t}{2} \pm i\mathbf{v}r_\pm\right)}{r_\pm \sqrt{t}} \int\limits_L \frac{q\,dq}{a(q)} \exp\left\{ -\frac{i(q - ir_\pm)^2}{2t} + i\kappa \int\limits_0^q \frac{q'dq'}{a(q')} \right\}. \tag{1.1.24}$$

Непосредственная подстановка (24) в уравнение (15) показывает, что сумма $\psi_- + \psi_+$ удовлетворяет этому уравнению. Отметим, что контур интегрирования L в комплексной плоскости $q = q_1 + iq_2$ должен огибать сверху полюс при $2vq = \mathrm{e}^{-2vq}$. Решение (24) аналогично решению (10) для связанного состояния в одномерной задаче. В обоих случаях решение представляет собой сумму двух выражений, соответствующих направлению движения центра и влияющих друг на друга. Для трехмерной задачи, однако, связанное состояние не представимо в виде ряда "метастабильных"затухающих уровней. Кроме того, в отличие от одномерной задачи, в пределе $v \to 0$ состояние не переходит непрерывным образом в связанное состояние одного центра. Это связано, по-видимому, с наличием операции "вычитания бесконечностей". При этом также и в стационарной задаче при стремлении к нулю расстояния между центрами состояние не переходит в связанное состояние одного центра.

1.1.5 Разбегающиеся центры с разной глубиной уровня в трехмерной задаче

Так же, как и в случае одномерной задачи, для трехмерного случая разбегающихся центров с разной глубиной уровня задача определения связанного состояния может быть сведена к решению системы обыкновенных дифференциальных уравнений. Вместо соотношения (16) для ψ-функции следует соотношение:

$$\psi = -\frac{2\pi}{(2\pi i)^{3/2}} \int\limits_t^\infty \frac{dt'}{(t'-t)^{3/2}} \left[\mathrm{e}^{-\frac{i(\mathbf{r}'-\mathbf{v}t')^2}{2(t'-t)}} c_1(t') + \mathrm{e}^{-\frac{i(\mathbf{r}'+\mathbf{v}t')^2}{2(t'-t)}} c_2(t') \right], \tag{1.1.25}$$

причем $\psi|_{\mathbf{r} \to \mathbf{v}t} = c_1(t)\left(\frac{1}{|\mathbf{r}-\mathbf{v}t|} - \kappa_1 \right)$, $\psi|_{\mathbf{r} \to -\mathbf{v}t} = c_2(t)\left(\frac{1}{|\mathbf{r}+\mathbf{v}t|} - \kappa_2 \right)$. Пусть $g_{1,2}\mathrm{e}^{\frac{iv^2t}{2}} = c_{1,2}(t)$. Тогда для $g_{1,2}(t)$ из (25) следуют уравнения:

$$g_1(t) = -\frac{2i}{\kappa_1\sqrt{2\pi i}} \int\limits_t^\infty \frac{\dot{g}_1(t')dt'}{\sqrt{t'-t}} - \frac{i}{\kappa_2\sqrt{2\pi i}} \int\limits_t^\infty \frac{g_2(t')dt' \mathrm{e}^{-\frac{2iv^2tt'}{t'-t}}}{(t'-t)^{3/2}}, \tag{1.1.26}$$

$$g_2(t) = -\frac{i}{\kappa_1\sqrt{2\pi i}} \int\limits_t^\infty \frac{g_1(t')\mathrm{e}^{-\frac{2iv^2tt'}{t'-t}}}{(t'-t)^{3/2}} - \frac{2i}{\kappa_2\sqrt{2\pi i}} \int\limits_t^\infty \frac{\dot{g}_2(t')dt'}{\sqrt{t'-t}}. \tag{1.1.27}$$

Положим $g_{1,2}\left(\frac{1}{\tau}\right) = h_{1,2}(\tau)\sqrt{\tau}$, тогда для образов Лапласа $H_{1,2}(p) = \int\limits_0^\infty \mathrm{e}^{-p\tau} h_{1,2}(\tau)d\tau$ можно получить уравнения: $\left(p = \frac{q^2}{2i} \right)$

$$\begin{cases} i\kappa_1 q H_1(q) = H_1(q) + q\frac{dH}{dq} - \frac{\kappa_1}{\kappa_2}\frac{1}{2v}\mathrm{e}^{-2vq}\frac{dH_2}{dq} + \frac{\kappa_1}{\kappa_2}\mathrm{e}^{-2vq}H_2, \\ i\kappa_2 q H_2(q) = H_2(q) + q\frac{dH_2}{dq} - \frac{\kappa_2}{\kappa_1}\frac{1}{2v}\mathrm{e}^{-2vq}\frac{dH}{dq} + \frac{\kappa_2}{\kappa_1}\mathrm{e}^{-2vq}H_1. \end{cases} \tag{1.1.28}$$

Система (28) не имеет, по-видимому, достаточно простого решения, выражаемого через какие-либо известные функции. Решение уравнения (25) для ψ-функции может быть представлено в виде достаточно сложных интегралов от функций $H_{1,2}(q)$.

1.1.6   *Решение интегрального уравнения с разностным ядром*

В работе [5] относительное движение двух центров моделируется заданием переменой глубины покоящихся ям. При этом при определенном законе изменения глубины ямы в [5] получено точное решение нестационарного уравнения Шредингера. Далее мы изучим решение нестационарного уравнения на примере одной неподвижной ямы переменной глубины (см. [5]). Если задано краевое условие $\psi(\mathbf{r},t)|_{\mathbf{r}\to 0} = c(t)\left(\frac{1}{|\mathbf{r}|} - \kappa(t)\right)$, т.е. имеется яма в начале координат (при $\mathbf{r} = 0$), и глубина уровня зависит от t, то, как показано в [5], уравнение для $c(t)$ имеет вид:

$$c(t) = -\frac{1}{\sqrt{2\pi i}}\mathrm{e}^{-\frac{3\pi i}{4}}\int\limits_{-\infty}^{t}\frac{\kappa(t')c(t')}{\sqrt{t-t}}dt'. \tag{1.1.29}$$

Для случая $\kappa(t) = -\beta t$, где $\beta = \mathrm{const}$, в [5] получено решение в виде контурного интеграла:

$$c(t) = \int\limits_{L_0}\mathrm{e}^{iut}z(u)du, \tag{1.1.30}$$

где $z(u)$ удовлетворяет уравнению:

$$z(u) = -\frac{i\beta}{\sqrt{2u}}z'(u). \tag{1.1.31}$$

В соответствии с [5] контур интегрирования L_0 определяется условиями сходимости. Заметим здесь, что уравнение (29) характеризуется разностным ядром, однако правая часть не является сверткой образов Лапласа, т.к. нижний предел интегрирования $t = -\infty$. В связи с этим можно дать другое решение уравнения (29). Положим $\tau == -\frac{1}{t}$, $\tau' = -\frac{1}{t'}$, $D(\tau) = \frac{c(-1/\tau)}{\tau^{5/2}}$. Тогда из (29) следует уравнение для $D(\tau)$:

$$\tau^2 D(\tau) = -\frac{\beta}{\sqrt{2u}}\mathrm{e}^{-\frac{3\pi i}{4}}\int\limits_{0}^{\tau}\frac{D(\tau')d\tau'}{\sqrt{\tau-\tau'}}. \tag{1.1.32}$$

В (32) предполагается, что $\tau > \tau' > 0$, т.е. $t < 0$. Для образа Лапласа $H(p) = \int\limits_{0}^{\infty}\mathrm{e}^{-p\tau}D(\tau)d\tau$ из (32) следует уравнение второго порядка:

$$\frac{d^2 H}{dp^2} = \frac{i\beta}{\sqrt{2ip}}H(p). \tag{1.1.33}$$

Решение уравнения (33) выражается через функции Бесселя:

$$H(q) = q\left\{A_1 J_{\frac{2}{3}}\left(\frac{2}{3}\sqrt{i\beta}q^{3/2}\right) + A_2 J_{-\frac{2}{3}}\left(\frac{2}{3}\sqrt{i\beta}q^{3/2}\right)\right\}, \tag{1.1.34}$$

где $q = \sqrt{2ip}$, $A_{1,2}$ - произвольные постоянные. Используя свойства функций Бесселя (см. [22]), $J_{\pm\frac{2}{3}}$ можно представить в виде:

$$J_{-\frac{2}{3}}(z) = z^{-\frac{1}{3}}\frac{d}{dz}z^{-\frac{1}{3}}J_{\frac{1}{3}}(z), \quad J_{\frac{2}{3}}(z) = -z^{\frac{1}{3}}\frac{d}{dz}z^{\frac{1}{3}}J_{-\frac{1}{3}}(z).$$

При определеном соотношении между константами A_1 и A_2 - $A_1 = -A_2$ выражение (34) содержит сумму $J_{\frac{1}{3}} + J_{-\frac{1}{3}}$, которая может быть выражена пр помощи формул Эйри (см.

[22]) в виде интеграла от экспоненты, зависящей от третьей степени переменной интегрирования. В результате преобразований далее можно получить выражение для $c(t)$ вида (30), где $z(u) \sim \exp\left\{\frac{2i\sqrt{2}}{3\beta} u^{3/2}\right\}$. Таким образом, решение уравнения (29) в виде (30) оказывается частным случаем более общего решения. Возможно, что частное решение (30) является единственным, имеющим физический смысл. Однако наибольший интерес использованная замена $\tau = \frac{1}{t}$ представляет для тех задач, в которых только после использования этой замены возникает разностное ядро, что и было показано в предыдущих разделах настоящей работы.

Основные результаты данного раздела получены в работе [15].

1.2 Связанные состояния частицы в поле разбегающихся δ-потенциалов при наличии линейного поля

1.2.1 Введение

В данном разделе изучаются связанные состояния в поле разбегающихся точечных центров при наличии поля, описываемого нестационарным квадратичным потенциалом, причем рассмотрены одномерная и трехмерная задачи. Особый интерес представляет возможность точного решения нестационарного уравнения Шредингера. В случае разбегающихся δ-центров решение для связанного состояния, т.е. состояния, описываемого экспоненциально убывающими по координатам функциями, было найдено в [8] (см. также предыдущий раздел). Широко известным случаем точного решения нестационарного уравнения Шредингера является также уравнение для осциллятора с частотой, явно зависящей от времени (см. [1]). В этом случае потенциал не является точечным, а наоборот, достаточро плавно зависит от координат. В настоящем разделе будут рассмотрены возможности точного решения нестационарного уравнения при наличии комбинированног поля - линейного по координатам нестационарного поля и движущихся δ-центров как в одномерной, так и в трехмерной задачах.

1.2.2 Частица в линейном нестационарном поле и классический интеграл движения

В одномерной задаче уравнение Шредингера с квадратичным нестационарным потенциалом имеет вид:

$$i\frac{\partial \psi}{\partial t} + \frac{1}{2}\frac{\partial^2 \psi}{\partial x^2} + \frac{\Omega^2(t)x^2}{2}\psi = 0, \qquad (1.2.1)$$

где ψ - пси-функция, x, t -координата и время, $\Omega(t)$ -является "мнимой частотой"осциллятора. Ипользуется система единиц, когда $m = \hbar = 1$. Для решения (1) сделаем замену независимых переменных x, t на y, τ посредством соотношений:

$$y = \frac{x}{\eta(t)}, \quad t = \xi(\tau).$$

Получим уравнение:

$$\frac{i}{\dot{\xi}}\frac{\partial \psi}{\partial \tau} - iy\frac{\partial \psi}{\partial y}\frac{\eta'}{\eta} + \frac{1}{2\eta^2}\frac{\partial^2 \psi}{\partial y^2} + \frac{\Omega^2 y^2 \eta^2}{2}\psi = 0.$$

Здесь $\dot{\xi} = \frac{d\xi}{d\tau} = \frac{dt}{d\tau}$, $\eta' = \frac{d\eta}{dt}$. Положим,далее:

$$\psi = \frac{1}{\sqrt{\eta}}\exp\frac{iy^2\eta'\eta}{2}\phi(y,\tau).$$

Уравнение для ϕ имеет вид:

$$\frac{i}{\xi}\frac{\partial \phi}{\partial \tau} + \frac{1}{2\eta^2}\frac{\partial^2 \phi}{\partial y^2} + \frac{y^2\eta}{2}(\Omega^2\eta - \eta'')\phi = 0. \tag{1.2.2}$$

В дальнейшем положим: $\dot{\xi} = \frac{dt}{d\tau} = \eta^2$, т.е. $\tau = \int \frac{dt'}{\eta^2(t')}$. Возможно решение уравнения (2) двумя различными способами. Предположим, что вспомогательная функция $\eta(t)$ удовлетворяет уравнению:

$$\eta'' - \Omega^2(t)\eta = 0. \tag{1.2.3}$$

Тогда (2) имеет решение в виде плоской волны в переменных y, τ :

$$\phi = \exp\{\frac{ip^2\tau}{2} + ipy\},$$

приводящее к следующему решению уравнения (1):

$$\psi_p(x,t) = \exp\{ip\frac{x}{\eta} - \frac{ip^2}{2}\int \frac{dt'}{\eta^2(t')} + \frac{ix^2\eta'}{2\eta}\}. \tag{1.2.4}$$

Классическое уравнение движения, соответствующее уравнению (1) имеет вид:

$$\ddot{x} - \Omega^2(t)x = 0. \tag{1.2.5}$$

Известно, что это уравнение имеет линейный по $\dot{x}, x$ не следующий из каких-либо свойств симметрии пространства-времени. Этот интеграл может быть записан в в виде:

$$I^{(1)} = -\eta'x + \eta\dot{x}.$$

Вычисление производной $\frac{dI^{(1)}}{dt}$ с учетом (3) и (5) показывает постоянство $I^{(1)}$. В случае квантовомеханической задачи импульс $\dot{x}$ следует заменить на оператор $-i\frac{\partial}{\partial x}$, причем должно быть выполнено равенство:

$$\left(-i\eta\frac{\partial}{\partial x} - \eta'x\right)\psi_p = p\psi_p, \tag{1.2.6}$$

где p - собственное значение оператора $\hat{I}^{(1)} = -i\eta\frac{\partial}{\partial x} - \eta'x$. Функция $\phi_p(x,t)$, определяемая равенством (4) удовлетворяет равенству (6). Второй способ решения уравнения (2) заключается в следующем. Вместо соотношения (3) потребуем, чтобы $\eta(t)$ удовлетворяло уравнению:

$$\eta'' - \Omega^2(t)\eta = \frac{\Omega_0^2}{\eta^3(t)}, \tag{1.2.7}$$

где $\Omega_0 \equiv \text{const}$. В результате уравнение (2) переходит в уравнение осциллятора с постоянной частотой Ω_0. Кроме линейного интеграла движения уравнения (5) существует также билинейный по $x, \dot{x}$:

$$I^{(2)} = (\eta'x - \dot{x}\eta)^2 + \Omega_0^2\frac{x^2}{\eta^2}.$$

Вычисление $\frac{dI^{(2)}}{dt}$ с учетом (3) и (7) показывает, что $\frac{dI^{(2)}}{dt} \equiv 0$. При замене $\dot{x}$ на оператор $-i\frac{\partial}{\partial x}$ можно получить уравнение:

$$\left(x^2\eta'^2 + 2i\eta\eta'x\frac{\partial}{\partial x} + i\eta\eta' - \eta^2\frac{\partial^2}{\partial x^2} + \Omega_0^2\frac{x^2}{\eta^2}\right)\psi_a = a\psi_a, \tag{1.2.8}$$

где a- собственное значение оператора $\hat{I}^{(2)}$. Из (8) следует уравнение для $\phi(y, \tau)$:

$$\left(\Omega_0^2 y^2 - \frac{\partial^2}{\partial y^2}\right)\phi_a = a\phi_a. \tag{1.2.9}$$

Сравнивая (9) с (2) видим, что в переменных y, τ $a = 2E$, где E - константа, имеющая смысл энергии в переменных y, τ. Отметим, что уравнение (1) описывает ситуацию, когда в переменных x, t энергия не сохраняется. Поэтому оператор $\hat{I}^{(2)}$ может считаться обобщением оператора энергии для нестационарной задачи. Решения уравнения (2), описываемые различными вспомогательными функциями $\eta(t)$ связаны между собой. Связь между задачами о гармоническом осцилляторе и свободной частице рассматривалась в работе [6].

1.2.3 Частица в поле разбегающихся центров при наличии линейного поля

Добавим в правую часть уравнения (1) член, описывающий разбегающиеся δ-центры:

$$i\frac{\partial \psi}{\partial t} + \frac{1}{2}\frac{\partial^2 \psi}{\partial x^2} + \frac{\Omega^2 x^2}{2}\psi = -\alpha[\delta(x - x_0(t)) + \delta(x + x_0(t))]\psi. \tag{1.2.10}$$

Используя замены, описанные в предыдущем разделе, получим уравнение:

$$i\frac{\partial \phi}{\partial \tau} + \frac{1}{2}\frac{\partial^2 \phi}{\partial y^2} + \frac{y^2\eta^3}{2}(\Omega^2\eta - \eta'')\phi = -\alpha\eta\left[\delta\left(y - \frac{x_0}{\eta}\right) + \delta\left(y + \frac{x_0}{\eta}\right)\right]\phi. \tag{1.2.11}$$

Уравнение (11) может быть решено в случае, если $\frac{x_0}{\eta} \equiv \mathrm{const}$, $\alpha\eta \equiv \mathrm{const} = C_0$. Если, кроме того, положить: $\eta'' - \Omega^2\eta = \frac{\Omega_0^2}{\eta^3}$, то α должна удовлетворять уравнению:

$$\alpha\alpha'' - 2\alpha'^2 + \Omega^2\alpha^2 = \Omega_0^2\frac{\alpha^6}{C_0^4},$$

где $\Omega_0 \equiv \mathrm{const}$. В этом случае в уравнении для ϕ разделяются переменные и для функции от y получается уравнение осциллятора с постоянной частотой при наличии двух покоящихся δ-центров. Более интересными представляются ситуации, в которых разделение переменных невозможно. Широко известным является случай, когда $\alpha \equiv \mathrm{const}$, $\eta(t) = c_* t$, $x_0 = vt$ ([8], [10]). При этом $\eta'' \equiv 0$ и $\Omega \equiv 0$. Если положить $\eta = \frac{1}{\tau^2}$, то $t = -\frac{1}{3\tau^3}$, $\eta = \frac{1}{(3t)^{2/3}}$. При этом $\eta'' = \frac{10}{(3t)^{2/3}}$, и, для того, чтобы в уравнении (11) не было члена, пропорционального y^2 в уравнении (10) должно быть внешнее поле, описываемое квадратичным потенциалом $\frac{\Omega^2 x^2}{2}$, где $\Omega^2 = \frac{10}{3t^2}$. Уравнение для ϕ приводится к виду:

$$i\frac{\partial \phi}{\partial \tau} + \frac{1}{2}\frac{\partial^2 \phi}{\partial y^2} = -\frac{\alpha}{\tau^2}[\delta(y - y_0) + \delta(y + y_0)]\phi. \tag{1.2.12}$$

Т.к. при $t \to -\infty$, т.е при $\tau = 0$ $\phi = 0$, уравнение (12) может быть представлено в интегральном виде с использованием запаздывающей функции Грина:

$$\phi(y, \tau) = \frac{i\alpha}{\sqrt{2\pi i}}\int\limits_0^\tau \frac{d\tau'}{\sqrt{\tau - \tau'}}\frac{1}{\tau'^2}\phi(y_0, \tau)\left(\exp\left[\frac{i(y - y_0)^2}{2(\tau - \tau')}\right] + \exp\left[\frac{i(y + y_0)^2}{2(\tau + \tau')}\right]\right). \tag{1.2.13}$$

Далее рассматривается симметричный случай: $\phi(y, \tau) \equiv \phi(-y, \tau)$. Обозначим $\frac{\phi(y, \tau)}{\tau^2} = c(\tau)$. Тогда из (13) следует:

$$\tau^2 c(\tau) = \frac{i\alpha}{\sqrt{2\pi i}}\int\limits_0^\tau \frac{d\tau'}{\sqrt{\tau - \tau'}}\left(1 + \exp\left[\frac{2iy_0^2}{\tau - \tau'}\right]\right). \tag{1.2.14}$$

Для образа Лапласа $H(p) = \int\limits_0^\infty \exp(-p\tau)c(\tau)d\tau$, из (14) следует уравнение: $\frac{d^2H}{dp^2} = \frac{\alpha H}{\sqrt{-2ip}}(1 + \exp(-2y_0\sqrt{-2ip}))$, или, полагая $q = \sqrt{-2ip}$, получим:

$$\frac{d^2H}{dq^2} - \frac{1}{q}\frac{dH}{dq} = -\alpha Hq(1 + \exp(-2y_0q)) \qquad (1.2.15)$$

В результате решение (13) может быть выражено в виде двукратного интеграла- $c(\tau)$ выражается через H как обратное преобразование Лапласа, которое и должно быть подставлено в интеграл $\int\limits_0^\tau$ в выражении (13). По-видимому, уравнение (15) не имеет компактного аналитического решения, однако определение численного решения представляется достаточно простым. В качестве еще одного случая, приводящего решение уравнения Шредингера к квадратурам, можно рассмотреть ситуацию, когда $\eta = \tau$, $t = \frac{\tau^3}{3}$, причем если внешнее поле в уравнении (10) является удерживающим: $\Omega^2 = -\frac{2}{9t^2}$ то уравнение для $\phi(y,\tau)$ имеет вид:

$$i\frac{\partial\phi}{\partial\tau} + \frac{1}{2}\frac{\partial^2\phi}{\partial y^2} = -\alpha\tau[\delta(y-y_0) + \delta(y+y_0)]\phi. \qquad (1.2.16)$$

Здесь $\phi = 0$ при $t = +\infty$, т.е. при $\tau = 0$. При использовании опережающей функции Грина (16) может быть переписано в интегральной форме:

$$\phi(y,\tau) = \frac{\alpha}{\sqrt{2\pi i}}\int\limits_\tau^\infty \frac{\tau'd\tau'}{\sqrt{\tau'-\tau}}\phi(y_0,\tau')\left(\exp\left[\frac{i(y-y_0)^2}{2(\tau'-\tau)}\right] + \exp\left[\frac{i(y+y_0)^2}{2(\tau'-\tau)}\right]\right). \qquad (1.2.17)$$

Рассматривая симметричный случай, положим: $\phi(y_0,\tau) = \phi(-y_0,\tau) = c(\tau)$. Из (17) следует:

$$c(\tau) = \frac{\alpha}{\sqrt{2\pi i}}\int\limits_\tau^\infty \frac{\tau'd\tau'c(\tau')}{\sqrt{\tau'-\tau}}\left(1 + \exp\left[\frac{2iy_0^2}{\tau'-\tau}\right]\right). \qquad (1.2.18)$$

Поскольку один из пределов (18) равен ∞ решение следует искать (также как и в [5]), в виде:

$$c(\tau) = \int\limits_L \exp(ip\tau)g(p)dp, \qquad (1.2.19)$$

где контур L определяется условиями сходимости. Для $g(p)$ можно получить уравнение:

$$g(p) = i\frac{dg}{dp}\frac{\alpha}{\sqrt{p}}(1 + \exp(-2y_0\sqrt{2p})). \qquad (1.2.20)$$

Положим $p = \frac{q^2}{2}$, тогда решение (20) имеет вид:

$$g(q) = \text{const}\,\exp\left(-\frac{i}{\alpha\sqrt{2}}\int\frac{qdq}{1 + \exp(-2y_0q)}\right). \qquad (1.2.21)$$

Возможно вычислить $\int d\tau'$ и найти выражение для ϕ в виде:

$$\phi = \text{const}\int\limits_{L_0} g(q)dq\exp(\frac{iq^2\tau}{2})\left\{\left(\tau + \frac{i}{q^2} + i\frac{|y-y_0|}{q}\right)\exp(-q|y-y_0|) + \right.$$

$$\left. + \left(\tau + \frac{i}{q^2} + i\frac{|y+y_0|}{q}\right)\exp(-q|y+y_0|)\right\}. \qquad (1.2.22)$$

Путь интегрирования L_0 представляет собой два луча в комплексной плоскости: $-(1+i\varepsilon), 0$ и $0, +\infty$ где константа ε удовлетворяет условию $1 >> \varepsilon > 0$.

1.2.4 Частица в комбинированном поле в трехмерной задаче

Задача о разбегающихся δ-центрах в трехмерном случае решалась в ряде работ, отметим здесь [15], [23].

В данном разделе будет изучаться связанное состояние в системе разбегающихся центров и при наличии линейного поля, описываемого квадратичным потенциалом. Уравнение Шредингера в этом случае имеет вид:

$$i\frac{\partial\psi}{\partial t} + \frac{1}{2}\triangle\psi + V(r,t)\psi = \frac{2\pi}{\chi_0}\Bigg\{\Big[\psi(1 - i\vec{r}(\vec{r} - \vec{r}_0(t))) + (\vec{r} - \vec{r}_0(t))\nabla\psi\Big] \times$$

$$\times\delta(\vec{r} - \vec{r}_0(t)) + \Big[\psi(1 + i\vec{r}(\vec{r} + \vec{r}_0(t))) + (\vec{r} + \vec{r}_0(t))\nabla\psi\Big]\delta(\vec{r} + \vec{r}_0(t))\Bigg\}. \qquad (1.2.23)$$

Здесь $V = \frac{\Omega^2(t)r^2}{2}$, χ_0 - характеризует глубину связанного уровня, $\pm\vec{r}_0$- положения δ- центров в момент времени t. При $V \equiv 0$ и $\dot{\vec{r}}_0 = \vec{v} = \mathrm{const}$ правая часть (23) описывает разбегающиеся точечные потенциалы (см. [8], [9]). Для решения (23), следуя работе [6], введем координаты, зависящие от времени: $\vec{\rho} = \frac{\vec{r}}{|\vec{r}_0(t)|}$, $t = \xi(\tau)$. Положим $\psi = r_0^{3/2}\exp\left[\frac{ir^2}{2}\frac{r_0'}{r_0}\right]\phi(r,t)$, где $r_0' = \frac{dr}{dt}$. Если $\vec{r}_0(t)$ изменяется только по величине, не изменяя направления, то из (23) следует:

$$\frac{i}{\xi}\frac{\partial\phi}{\partial\tau} + \frac{1}{2r_0^2}\frac{\partial^2\phi}{\partial\vec{\rho}^2} + \phi\frac{\rho^2}{2}\left(\frac{\ddot{\xi}}{\xi^3}r_0\dot{r}_0 - \frac{r_0\ddot{r}_0}{\dot{\xi}^2}\right) + \frac{\Omega^2(\xi(\tau))\rho^2 r_0^2}{2}\phi =$$

$$= \frac{2\pi}{\chi r_0^3}\Bigg\{\Big[\phi + (\vec{\rho} - \vec{\rho}_0)\frac{\partial\phi}{\partial\vec{\rho}}\Big] + \Big[\phi + (\vec{\rho} + \vec{\rho}_0)\frac{\partial\phi}{\partial\vec{\rho}}\Big]\delta(\vec{\rho} + \vec{\rho}_0)\Bigg\} \qquad (1.2.24)$$

Здесь $\dot{\xi} = \frac{dt}{d\tau}$, $\dot{r}_0 = \frac{dr_0}{dt} = t_0'\dot{\xi}$. Далее рассмотрим случай, когда $V + \frac{\rho^2}{2}\left(\frac{\ddot{\xi}}{\xi^3}r_0\dot{r}_0 - \frac{r_0\ddot{r}_0}{\xi^3}\right) \equiv 0$ and $\dot{\xi} \equiv r_0^2$. При этих условиях для решения удобно использоать функцию Грина свободного уравнения Шредингера. В рассматриваемом симметричном случае можно использовать граничное условие:

$$\left(\phi + (\vec{\rho} - \vec{\rho}_0)\frac{\partial\phi}{\partial\vec{\rho}}\right)_{\vec{\rho}\to\vec{\rho}_0} = \left(\phi + (\vec{\rho} + \vec{\rho}_0)\frac{\partial\phi}{\partial\vec{\rho}}\right)_{\vec{\rho}\to-\vec{\rho}_0} = -\chi_0 c(\tau). \qquad (1.2.25)$$

Используя опережающую функцию Грина, (24) можно переписать в интегральной форме:

$$\phi = -\frac{2\pi}{(2\pi i)^{3/2}}\int\limits_{\tau}^{\infty}\frac{d\tau' c(\tau')}{(\tau' - \tau)^{3/2}r_0(\tau')}\left\{\exp\left[\frac{i(\vec{\rho} - \vec{\rho}_0)^2}{2(\tau' - \tau)}\right] + \exp\left[\frac{i(\vec{\rho} + \vec{\rho}_0)^2}{2(\tau' - \tau)}\right]\right\}. \qquad (1.2.26)$$

Откуда, используя краевое условие (25), найдем уравнени для $c(\tau)$:

$$\chi_0 c(\tau) = \frac{2\pi}{(2\pi i)^{3/2}}\Bigg\{2\int\limits_{\tau}^{\infty}\left[\frac{d}{d\tau'}\frac{c(\tau')}{r_0(\tau')}\right]\frac{d\tau'}{\sqrt{\tau' - \tau}} +$$

$$+ \int\limits_{\tau}^{\infty}\frac{d\tau'}{(\tau' - \tau)^{3/2}}\left[\frac{c(\tau')}{r_0(\tau')}\right]\exp\left[\frac{2i\rho_0^2}{\tau' - \tau}\right]\Bigg\}. \qquad (1.2.27)$$

При выводе уравнения (27), описывающего связанное состояние, предполагалось, что τ растет с ростом t, а при $t \to \infty$ $\phi \equiv 0$. Кроме того, использована операция "вычитания бесконечностей"(см. [5]) . Рассмотрим случай,когда $r_0 = a\tau$. При этом $t = \frac{a^2\tau^2}{3}$, $\tau =$

$(3t/a^2)^{1/3}$, $r_0 = (3at)^{1/3}$. Следоательно, потенциал внешнего поля: $V(r,t) = -\frac{r^2}{9t^2}$. Кроме поля, притягивающего частицы к δ - центрам, есть еще нестационарное поле, притягивающее их к точке $\vec{r} = o$. Решение уравнения (27) будем искать в виде:

$$\frac{c(\tau)}{r_0(\tau)} = \int_L u(p) \exp(ip\tau) dp, \qquad (1.2.28)$$

где контур L должен быть выбран из условия сходимости интеграла. Из (27) для $u(p)$ следует уравнение:

$$a\chi_0 \frac{du}{dp} = -i\sqrt{2p}u(p) + \frac{i}{2\rho_0}u(p)\exp(-2\rho_0 q), \qquad (1.2.29)$$

откуда, в свою очередь, следует:

$$u(q) = \text{const} \exp\left\{ -\frac{i}{a\chi_0}\left(\frac{q^3}{3} + \frac{q\exp(-2q\rho_0)}{4\rho_0^2} + \frac{\exp(-2q\rho_0)}{8\rho_0^3} \right) \right\} \qquad (1.2.30)$$

Для $\phi(\rho, \tau)$ из (28), (30) и (26) можно получить:

$$\phi = \text{const} \int_{i\infty}^{\infty} qdq \exp(\frac{iq^2}{2})\left\{ \frac{\exp(-q|\rho - \rho_0|)}{|\vec{\rho} - \vec{\rho_0}|} + \frac{\exp(-q|\rho + \rho_0|)}{|\vec{\rho} + \vec{\rho_0}|} \right\}. \qquad (1.2.31)$$

Можно также убедиться, что интеграл в (31) является сходящимся как при $q \in [+i\infty, 0]$ так и при $q \in [0, +\infty]$. Решение для $\psi(\vec{r}, t)$ имеет вид:

$$\psi = \frac{1}{r_0^{3/2}} \exp(\frac{i}{2}\frac{r^2 r_0'}{2r_0})\phi\left(\frac{\vec{r}}{(3at)^{1/3}}, \left(\frac{3t}{a^2}\right)^{1/3} \right).$$

Таким образом, в данном разделе рассмотрены частные решения нестационарного уравнения Шредингера, которые могут представлять интерес при анализе конкретных экспериментальных ситуаций. Предложены методы решения, сводящие проблему к решению обыкновенных дифференциальных уравнений и вычислению интегралов. Рассмотренные здесь вопросы изучались в работе [25].

1.3   *Интегральная модель точечного потенциала*

В данном разделе предложена интегральная модель точечного потенциала в трехмерном случае. В отличие от обычно используемой модели с производной, интегральная модель допускает плавный переход состояния двух центров в состояние одного центра при уменьшении расстояния между центрами до нуля.

Отметим, что в трехмером случае обычно используется точечный потенциал с производной от ψ-функции.Оказывается, что при этом в случае, если существуют два центра, то при стремлении расстояния между ними к нулю не существует плавного перехода в состояние одного центра. В настоящей работе предложена модель модифицированная модель точечного взаимодействия, в которой такой плавный переход возможен. Уравнение Шредингера при наличии одного трехмерного точечного центра с производной можно записать в виде:

$$i\frac{\partial \psi}{\partial t} + \frac{1}{2}\triangle\psi = \frac{2\pi}{\alpha}(\psi + \vec{r}\nabla\psi)\delta(\vec{r}) \qquad (1.3.1)$$

Здесь использована система единиц, в которой $m = \hbar = 1$. Уравнение (1) описывает систему с единственным связанным состоянием:

$$\psi = \frac{const}{r}\exp\{-\alpha r\}\exp\left\{\frac{i\alpha^2 t}{2}\right\}, \qquad (1.3.2)$$

где $-\frac{\alpha^2}{2}$ -энергия единственного связанного уровня. Если имеется два неподвижных δ-центра расположенных в точках $\vec{r} = \pm\vec{r}_0$, то уравнение для ψ-функции имеет вид:

$$i\frac{\partial\psi}{\partial t} + \frac{1}{2}\triangle\psi = \frac{2\pi}{\alpha}\left\{\left[\psi + (\vec{r} - \vec{r}_0)\nabla\psi\right]\delta(\vec{r} - \vec{r}_0) + \left[\psi + (\vec{r} + \vec{r}_0)\nabla\psi\right]\delta(\vec{r} + \vec{r}_0)\right\}. \qquad (1.3.3)$$

Обычно решение (3) ищется в виде:

$$\psi = \exp\left\{\frac{i\beta^2 t}{2}\right\}\left\{\frac{\exp(-\beta|\vec{r} - \vec{r}_0|)}{|\vec{r} - \vec{r}_0|} + \frac{\exp(-\beta|\vec{r} + \vec{r}_0|)}{|\vec{r} + \vec{r}_0|}\right\}. \qquad (1.3.4)$$

При этом для определения глубины уровня β можно получить соотношение:

$$\alpha = \beta - \frac{\exp(-2\beta r_0)}{2r_0}. \qquad (1.3.5)$$

Из (5) видно, что при $r_0 \to 0$ не существует плавного перехода к связанному состоянию одного δ-центра. Этим трехмерный случай отличается от одномерного, где такой плавный переход возможен (см., напрмер, [8]). При этом в одномерном случае при слиянии двух одинаковых δ-центров происходит удвоение константы связи ($\beta = 2\alpha$). В трехмерном случае если в (5) формально положить $r_0 = 0$ то константа связи не удваивается, а, наоборот, становится в два раза меньше, что, по-видимому, не описывает реальную физическую ситуацию. Однако и к этому соотношению нет плавного перехода при $r_0 \to 0$. В связи с этим рассмотрим такое представление точечного потенциала, которое вместо производной содержит интеграл от ψ-функции. Пусть уравнение Шредингера имеет вид:

$$i\frac{\partial\psi}{\partial t} + \frac{1}{2}\triangle\psi = -\frac{\alpha}{2}\int K(\vec{r}, \vec{r}')d\vec{r}'\psi(\vec{r}', t)\delta(\vec{r}), \qquad (1.3.6)$$

причем будем считать, что $K(\vec{r}, \vec{r}') = \frac{1}{|\vec{r} - \vec{r}'|}$. Можно убедиться, что (6) имеет решение, описывающее связанное состояние, совпадающее с (2). Рассмотрим, далее, два точечных центра, расположенных в точках $\vec{r} = \pm r_0$, описываемых уравнением Шредингера:

$$i\frac{\partial\psi}{\partial t} + \frac{1}{2}\triangle\psi = -\frac{\alpha}{2}\int\frac{d\vec{r}'\psi(\vec{r}', t)}{|\vec{r} - \vec{r}'|}[\delta(\vec{r} - \vec{r}_0) + \delta(\vec{r} - \vec{r}_)]. \qquad (1.3.7)$$

При подстановке выражения (4) в (7) получим следующее уравнение:

$$-2\pi[\delta(\vec{r} - \vec{r}_0) + \delta(\vec{r} + \vec{r}_0)] = -\frac{\alpha}{2}\left\{\frac{4\pi}{\beta} + \int\frac{d\vec{r}'\exp(-\beta|\vec{r}' + \vec{r}_0|)}{|\vec{r}' - \vec{r}_0||\vec{r}' + \vec{r}_0|}\right\}[\delta(\vec{r} - \vec{r}_0) + \delta(\vec{r} + \vec{r}_0)].$$

Отсюда вместо (5) следует соотношение:

$$\alpha = \frac{\beta}{1 + \frac{1}{2\beta r_0}(1 - \exp(-2\beta r_0))} \qquad (1.3.8)$$

Из (8) следует, что при $r_0 \to 0$ $\beta \to 2\alpha$, т.е. связанное состояние непрерывным образом переходит в состояние с удвоенной константой связи. Это означает, что представление точечного потенциала в виде (6) адекватно описывает рассматриваемую физическую ситуацию. Рассмотрим, далее, случай, когда точечные потенциалы описываются различными константами связи - α_1 и α_2 и определим связанное состояние такой системы. Уравнение Шредингера для такой системы записывается следующим образом:

$$i\frac{\partial \psi}{\partial t} + \frac{1}{2}\triangle \psi = -\frac{1}{2}\int \frac{d\vec{r}'\psi(\vec{r}',t)}{|\vec{r}-\vec{r}'|}[\alpha_1\delta(\vec{r}-\vec{r}_0) + \alpha_2\delta(\vec{r}+\vec{r}_0)]. \tag{1.3.9}$$

Решение (9), аналогично работе [23], ищем в виде суммы четырех слагаемых:

$$\psi = \frac{a_1}{|\vec{r}-\vec{r}_0|}\exp\left[\frac{i\beta_1^2 t}{2} - \beta_1|\vec{r}-\vec{r}_0|\right] +$$

$$+\frac{a_2}{|\vec{r}-\vec{r}_0|}\exp\left[\frac{i\beta_2^2 t}{2} - \beta_2|\vec{r}-\vec{r}_0|\right] + \frac{b_1}{|\vec{r}+\vec{r}_0|}\exp\left[\frac{i\beta_1^2 t}{2} - \beta_1|\vec{r}+\vec{r}_0|\right] +$$

$$+\frac{b_2}{|\vec{r}+\vec{r}_0|}\exp\left[\frac{i\beta_2^2 t}{2} - \beta_2|\vec{r}+\vec{r}_0|\right]. \tag{1.3.10}$$

Подстановка (10) в (9) приводит к системе уравнений:

$$a_1 = a_1\frac{\alpha_1}{\beta_1} + b_1\frac{\alpha_2}{2\beta_1^2 r_0}(1 - \exp(-2\beta_1 r_0)),$$

$$a_2 = a_2\frac{\alpha_1}{\beta_2} + b_2\frac{\alpha_2}{2\beta_2^2 r_0}(1 - \exp(-2\beta_2 r_0)),$$

$$b_1 = a_1\frac{\alpha_1}{2\beta_1^2 r_0}(1 - \exp(-2\beta_1 r_0)) + b_1\frac{\alpha_2}{\beta_1},$$

$$b_2 = a_2\frac{\alpha_2}{2\beta_2^2 r_0}(1 - \exp(-2\beta_2 r_0)) + b_2\frac{\alpha_2}{\beta_2}. \tag{1.3.11}$$

Условие существования ненулевого решения для a_1, b_1 первого и третьего уравнений этой системы:

$$\left(1 - \frac{\alpha_1}{\beta_1}\right)\left(1 - \frac{\alpha_2}{\beta_2}\right) = \frac{\alpha_1\alpha_2}{4\beta_1^4 r_0^2}\left(1 - \exp(-2\beta_1 r_0)\right), \tag{1.3.12}$$

а условие наличия ненулевого решения второго и четвертого уравнений:

$$\left(1 - \frac{\alpha_1}{\beta_1}\right)\left(1 - \frac{\alpha_2}{\beta_2}\right) = \frac{\alpha_1\alpha_2}{4\beta_2^4 r_0^2}\left(1 - \exp(-2\beta_2 r_0)\right), \tag{1.3.13}$$

Если $r_0 \to 0$, то $\beta_1 = \beta_2 = \alpha_1 + \alpha_2$. Для двух близколежащих центров существует только один связанный уровень. Возможность существования двух уровней разной глубины определяется наличием разных решений уравнения для β:

$$\left(1 - \frac{\alpha_1}{\beta}\right)\left(1 - \frac{\alpha_2}{\beta}\right) = \frac{\alpha_1\alpha_2}{4\beta^4 r_0^2}\left(1 - \exp(-2\beta r_0)\right), \tag{1.3.14}$$

При больших значениях r_0 имеется 2 решения: $\beta = \alpha_1$ и $\beta = \alpha_2$.

Изучим здесь состояния рассеяния точечного центра. Если уравнение имеет вид (1), то состояние рассеяния в виде сферической волны, характеризуемой волновым вектором k, описывается выражением:

$$\psi_k(r) = \frac{const}{r}\sin(kr + \delta_k)\exp\left(-\frac{ik^2 t}{2}\right), \tag{1.3.15}$$

причем фазы δ_k удовлетворяют соотношению: $\tan\delta_k = -\frac{k}{\alpha}$. (см. [20]). В этом случае состояние рассеяния ортогонально связанному:

$$\int d\vec{r}\frac{e^{-\alpha r}}{r}\frac{\sin(kr + \delta_k)}{r} \equiv 0.$$

В случае интегрального представления точечного взаимодействия состояния рассеяния также описываются выражением (15), однако величины фаз δ_k в этом случае имеют другой вид. При подстановке (15) в (6) можно получить равенство:

$$\sin\delta_k = \int_0^\infty \sin(kr' + \delta_k)dr'.$$

При вычислении интеграла следует ввести обрезающий мрожитель $\exp(-\epsilon r')$ и после вычисления интеграла положить $\epsilon = 0$. В результате можно получить:

$$\tan\delta_k = \frac{\alpha}{k}. \tag{1.3.16}$$

При этом состояние рассеяния не является ортогональным состоянию, описываемом экспоненциально убывающей по радиусу функцией. Это последнее состояние может быть разложено по состояниям с осцилляционной асимптотикой. Рассмотрим выражение:

$$\frac{\exp(-\alpha r)}{r} = \int dk A_k \frac{\sin(kr + \delta_k)}{r}. \tag{1.3.17}$$

Если, далее, положить $A_k = \frac{1}{\pi\sqrt{k^2+\alpha^2}}$, то, с учетом равенств $\sin\delta_k = \frac{\alpha}{\sqrt{\alpha^2+k^2}}, \cos\delta_k = \frac{k}{\sqrt{\alpha^2+k^2}}$, соотношение (17) оказывается тождеством.

Рассмотрим, далее, в каком виде следует записать потенциал для движущегося δ-центра. Если точечный центр с константой связи α находится в точке $\vec{r} = \vec{r}_0 + \vec{v}t$, где $\vec{v}$- постоянная скорость, то связанное состояние описывается ψ-функцией следующего вида:

$$\psi = \frac{\exp(-\alpha|\vec{r} - \vec{r}_0 - \vec{v}t|)}{|\vec{r} - \vec{r}_0 - \vec{v}t|} \exp\left\{ i\vec{v}(\vec{r} - \vec{r}_0 - \vec{v}t) + \frac{iv^2t}{2} + \frac{i\alpha^2t}{2} \right\}. \tag{1.3.18}$$

Можно убедиться, что (18) удовлетворяет уравнению Шредингера, если интегральный точечный потенциал записать в виде:

$$-\frac{\alpha_0}{2} \int \frac{\psi(\vec{r}',t)}{|\vec{r} - \vec{r}'|}\delta(\vec{r} - \vec{v}t - \vec{r}_0),$$

где

$$\alpha_0 = \frac{\alpha v}{\int_0^\infty \frac{ds}{s} \sin vs \exp(-\alpha v)}.$$

Возможно также другое представление точечного потенциал:

$$-\frac{\alpha}{2} \int \frac{\exp[-i\vec{v}\vec{r}' + i\vec{v}\vec{r}]\psi(\vec{r}',t)}{|\vec{r} - \vec{r}'|}\delta(\vec{r} - \vec{v}t - \vec{r}_0).$$

В этом случае (18) также удовлетворяет уравнению Шредингера. Для обоих представлений потенциала характерно появление зависимости от скорости. Модификация интегрального точечного потенциала может быть использована для описания результатов рассеяния частиц δ-центрами. Рассмотренная интегральная модель предложена в [24].

1.4 Собственные состояния сферической δ— оболочки

1.4.1 Введение

В настоящем разделе предполагается применить методы одномерной системы δ— потенциалов в сферически симметричной трехмерной задаче.

1.4.2   *Стационарная система*

Будем решать уравнение Шредингера в сферической системе координаи r, θ, ϕ, считая, что Ψ- функция не зависит от углов θ, ϕ. Полагая постоянную Планка $\hbar = 1$ и массу $m = 1$ уравнение для $\Psi(r,t)$ с точечным потенциалом вида $V(r) = -\alpha\delta(r - r_0)$, где $\delta(x)$ - дельта-функция Дирака, можно записать в виде:

$$i\frac{\partial\Psi}{\partial t} + \frac{1}{2}\frac{1}{r}\frac{\partial^2}{\partial r^2}r\Psi + \alpha\delta(r - r_0)\Psi = 0 \qquad (1.4.1)$$

Для функции $\psi(r,t) = r\Psi(r,t)$ из (1) следует уравнение, по своему виду совпадающее с одномерным. Связанное состояние, т.е. состояние, описываемое быстро убывающей Ψ-функцией, описывается выражением:

$$\psi = C\exp\{\frac{i\alpha^2 t}{2} - \alpha|r - r_0|\}, \qquad (1.4.2)$$

где C -нормировочная константа (см. [8]). Решение (2), однако, не удовлетворяет условию конечности Ψ - функции при $r = 0$. Для построения ршения, удовлетворяющего условию конечности $\Psi(r,t)|_{r\to 0}$ рассмотрим выражение:

$$r\Psi = Ce^{\frac{i\beta^2 t}{2}}\{e^{-\beta|r-r_0|} - e^{-\beta|r+r_0|}\}. \qquad (1.4.3)$$

Подстановка этого выражения в (1) с учетом того, что $(i\frac{\partial}{\partial t} + \frac{1}{2}\frac{\partial^2}{\partial x^2})\exp(-\frac{\beta^2 t}{2} - \beta|r \pm r_0| = -\beta\delta(r \pm r_0)e^{-\frac{i\beta^2 t}{2}}$, приводит к соотношению:

$$\alpha = \frac{\beta}{1 - e^{-2\beta r_0}}. \qquad (1.4.4)$$

Глубина связанного уровня определяется не только коэффициентом α, но и расстоянием r_0 δ - оболочки от начала координат. Если $\alpha >> \frac{1}{2r_0}$, то отличие β от α является несущественным. При $\alpha < \frac{1}{2r_0}$ соотношение (4) определяет не имеющие физического смысла отрицательные значения β. Рассмотрим, далее, состояния рассеяния для уравнения (1). В одномерной задаче решение с осцилляционной асимптотикой имеет вид (см. [16]): $\psi = Ce^{-\frac{ik^2 t}{2}}(e^{ik(r-r_0)} + \frac{\alpha i}{k-\alpha i}e^{ik|r-r_0|})$. Так же, как и для связанного состояния, это решение не обращается в нуль при $r = 0$. Рассмотрим решение следующего вида:

$$\psi = e^{-\frac{ik^2 t}{2}}(e^{ik(r-r_0)} + Ae^{ik|r-r_0|} - e^{ik(r+r_0)} - Ae^{ik|r+r_0|}), \qquad (1.4.5)$$

удовлетворяющее условию $\psi(0,t) = 0$. Подстановка (5) в (1) позволяет получить выражение для константы A:

$$A = -\alpha\frac{(1 - e^{-2ikr_0})}{ik + \alpha e^{2ikr_0}(1 - e^{-2ikr_0})} \qquad (1.4.6)$$

При этом решение для $r\Psi(r,t)$ имеет вид:

$$r\Psi = Ce^{-\frac{ik^2 t}{2}}\left\{e^{-ikr_0}(e^{ikr} - e^{-ikr}) + \frac{\alpha i(1 - e^{-2ikr_0})}{k - \alpha i e^{2ikr_0}(1 - e^{-2ikr_0})}(e^{ik(|r-r_0|} - e^{ik|r+r_0|})\right\}. \qquad (1.4.7)$$

Так же, как и связанные состояния, состояния рассеяния зависят от величины r_0 - расстояния оболочки от центра.

1.4.3 Нестационарная система

В этом разделе будем считать, что расстояние δ - оболочки от начала координат является функцией времени, положим $r_0 = vt$, где v - постоянная скорость перемещения оболочки. Таким образом, уравнение для $\psi = \frac{\Psi}{r}$ имеет вид:

$$i\frac{\partial\psi}{\partial t} + \frac{1}{2}\frac{\partial^2\psi}{\partial r^2} + \alpha\delta(r - vt)\psi = 0. \tag{1.4.8}$$

Изучим состояния, быстро убывающие при $r \to \infty$. Решение (8), в соответствии с методом, развитым в [8]-[10] для одномерной задачи, будем искать в виде:

$$\psi = \sum_s B_s e^{\frac{it}{2}(\alpha+2ivs)^2 - \frac{iv^2t}{2}}\left(K_s^- - K_s^+\right), \tag{1.4.9}$$

где $K_s^- = e^{ivr}e^{-(\alpha+2ivs)|r-vt|}$, $K_s^+ = e^{-ivr}e^{-(\alpha+2ivs)|r+vt|}$. Будем, далее, использовать соотношения:

$$\left(i\frac{\partial}{\partial t} + \frac{1}{2}\frac{\partial^2}{\partial r^2}\right)e^{\frac{it}{2}(\alpha+2ivs)^2 - \frac{iv^2t}{2}}K_s^- = -(\alpha + 2ivs)e^{\frac{iv^2t}{2}}e^{\frac{it}{2}(\alpha+2ivs)^2}\delta(r - vt),$$

$\left(i\frac{\partial}{\partial t} + \frac{1}{2}\frac{\partial^2}{\partial r^2}\right)e^{\frac{it}{2}(\alpha+2ivs)^2 - \frac{iv^2t}{2}}K_s^+ = 0$, если $r > 0$. Из (8) и (9) следует:

$$\sum_s B_s(\alpha + 2ivs)\exp\{\frac{it}{2}(\alpha + 2ivs)^2\} =$$

$$= \sum_s B_s(\alpha + 2ivs)\exp\{\frac{it}{2}(\alpha + 2ivs)^2\}\left(1 - \exp(-2v^2t - 2vt(\alpha + 2ivs))\right). \tag{1.4.10}$$

Так как уравнение (10) справедливо при любых значениях t, должны быть равны соответствующие члены сумм при разных s:

$$(\alpha + 2ivs)B_s = \alpha(B_s - B_{s-1}). \tag{1.4.11}$$

Считая, что $B_{-1} = 0$, из(11) можно получить решение для коэффициентов B_s:

$$B_s = B_0\left(\frac{\alpha i}{2v}\right)^s\frac{1}{\Gamma(s+1)}. \tag{1.4.12}$$

Таким образом, конечное при $r \to 0$ решение для Ψ - функции имеет вид:

$$r\Psi = B_0\sum_s\frac{1}{\Gamma(s+1)}\left(\frac{\alpha i}{2v}\right)^s\exp\{\frac{it}{2}(\alpha + 2ivs) - \frac{iv^2t}{2}\}\times$$

$$\times\{\exp(ivr - (\alpha + 2ivs)|r - vt|) - \exp(ivr - (\alpha + 2ivs)|r + vt|)\}. \tag{1.4.13}$$

При $r \to 0$ Ψ -функция остается конечной:

$$\Psi(0,t) = 2B_0\sum_s\left(\frac{\alpha i}{2v}\right)^s(\alpha + iv(2s + 1))\exp\left\{\frac{it}{2}(\alpha + iv(2s + 1))^2\right\} \tag{1.4.14}$$

Рассмотрим, далее, состояния рассеяния. Следуя одномерному случаю (см. [16]), решение уравнения (16) с осцилляционной асимптотикой представим в виде:

$$\psi(r,t) = \psi_k(r,t) + \mu\sin kr\exp(-\frac{ik^2t}{2}), \tag{1.4.15}$$

где k - волновое число, второе слагаемое в (15) описывает сферически симметричное состояние с волновым числом k и амплитудщй μ. В отличие от [16] мы будем изучать решения, обращающиеся в нуль при $r = 0$. Представим ψ_k в виде суммы:

$$\psi_k = \sum_s B_s \exp\left(\frac{it}{2}a_s^2 - \frac{iv^2t}{2}\right)\{\exp(ivr - a_s|r - vt|) - \exp(-ivr - a_s|r + vt|)\} \quad (1.4.16)$$

Подстановка (15), (16) в (8) приводит к уравнению:

$$\sum_s B_s a_s \exp(\frac{it}{2}a_s^2) = \alpha \sum_s B_s \exp(\frac{it}{2}a_s^2) -$$

$$-\alpha \sum_s B_s \exp(\frac{it}{2}(a_s + 2iv)^2) + \alpha\mu \sin kvt \exp(-\frac{it}{2}(k^2 + v^2)). \quad (1.4.17)$$

В (17) удобно положить $a_s = i(k + v(2s - 1))$. Тогда, считая, что $B_{-1} = 0$, получим: $B_0 a_0 = \alpha B_0 + \mu_0$, $B_1 a_1 = \alpha B_1 - \alpha B_0 - \mu_0$, $\mu_0 = \mu\frac{\alpha}{2}$. Для $s > 1$ справедливо соотношение $B_s a_s = \alpha(B_s - B_{s-1})$. Из этого соотношения и выражения для a_s следует равенство:

$$B_s = \left(\frac{\alpha i}{2v}\right)^s \frac{B_1}{\Gamma(\frac{\alpha i}{2v} + \frac{k-v}{2v} + s + 1)}. \quad (1.4.18)$$

Равенство (16) вместе с (18) и выражениями для B_0 и B_1 дает решение для задачи с осцилляционной асимптотикой. Рассмотрим, далее, ситуацию для связанного состояния, при которой расширение оболочки начинается из точки $r = r_0$, т.е. пусть положение оболочки определяется равенством $r = r_0 + vt$. Тогда уравнение для ψ имеет вид:

$$i\frac{\partial\psi}{\partial t} + \frac{1}{2}\frac{\partial^2\psi}{\partial r^2} + \alpha\delta(r - r_0 - vt)\psi = 0. \quad (1.4.19)$$

Решение (19) может быть представлено в виде (9), однако выражения для K_s^- и K_s^+ изменяются следующим образом:

$$K_s^- = e^{iv(r-r_0)}e^{-(\alpha+2ivs)|r-r_0-vt|}, \quad K_s^+ = e^{-iv(r-r_0)}e^{-(\alpha+2ivs)|r+r_0+vt|}.$$

Подстановка этих соотношений в (19) приводит к равенству:

$$\sum_s \beta_s B_s e^{\frac{it}{2}\beta_s^2} = \alpha \sum B_s \left(e^{\frac{it}{2}\beta_s^2} - e^{\frac{it}{2}\beta_s^2 - 2iv^2t - 2\beta_s(r_0+vt)}\right) \quad (1.4.20)$$

Для получения коэффициентов B_s положим $\beta_s = \beta_0 + 2ivs$, причем в соответствии с предельным случаем $v \to 0$ β_0 определяется из равества: $\beta_0 = \alpha(1 - e^{-2\beta_0 r_0})$. В этом случае рекуррентное соотношение для B_s имеет вид:

$$B_s(s + \theta) = \theta B_{s-1}e^{2ivr_0}, \quad (1.4.21)$$

где $\theta = \frac{\alpha i}{2v}e^{-2ivr_0 s}$. Уравнению (21) удовлетворяет выражение:

$$B_s = B_0\theta^s \frac{\Gamma(\theta)e^{-ivr_0 s(s+1)}}{\Gamma(s + 1 + \theta)} \quad (1.4.22)$$

Окончательно решение (19) можно представить в виде:

$$\psi = \sum_s B_s \exp\left\{\frac{it}{2}(\beta_0 + 2ivs)^2 - \frac{iv^2t}{2}\right\} \times$$

$$\times \left(e^{iv(r-r_0)}e^{-(\beta_0+2ivs)|r-r_0-vt|} - e^{-iv(r-r_0)}e^{-(\beta_0+2ivs)|r+r_0+vt|}\right).$$

В случае $r_0 = 0$ это решение совпадает с (13), а при $v = 0$ - с решением (2). Таким образом, в разделе получены точные решения для состояний, создаваемых сферически симметричной δ - оболочкой, при этом рассмотрены стационарные и нестационарные состояния. Эти вопросы изучались в работе [26].

Глава 2

Нестационарные ямы конечной глубины и самосогласованные системы

2.1 *Классическая и квантовая частицы в поле нестационарной ямы*

2.1.1 *Введение*

Для моделирования нестационарной системы далее изучается поведение классической и квантовой частицы в присутствии прямоугольрой ямы или прямоугольного барьера, характеризуемых растущим размером.

2.1.2 *Классическая система*

Существует большой интерес к изучению систем, характеризуемых потенциалом, явно зависящим от времени. Примером такой ситуации, которая может в эксперименте является пролет заряженной частицы через облако частиц, имеющих такой же или противоположный заряд. В качестве примера такой системы можно рассматривать прямоугольную яму или прямоугольный барьер, характеризуемые растущим размером при постоянной глубине ямы или высоты барьера.

Рассмотрим случай одномерного движения. Пусть глубина ямы α, и стенки ямы разбегаются симметрично вдоль осис x с постоянной скоростью $\pm v$. Можно записать уравнения движеня в форме:

$$\ddot{x} = -\frac{\partial U}{\partial x}, \qquad (2.1.1)$$

где $U = -\alpha\theta(x+vt)\theta(x-vt)$, $\theta(z)$ - функция Хевисайда, $\theta = 1, z > 0, \theta = 0, z < 0$. Имеется яма в области $-vt < x < vt$ (полагается, что $t > 0$). Уравнение движения записывается в виде (всюду в дальнейшем масса $m = 1$):

$$\ddot{x} = \alpha(\delta(x+vt) - \delta(x-vt)). \qquad (2.1.2)$$

Воздействие силы на частицу имет место только в точках $x = \pm vt$, поэтому можно проедставить решение (2) в виде:

$$\dot{x} = C_1\theta(-x-vt) + C_2\theta(x+vt)\theta(vt-x) + C_3\theta(x-vt). \qquad (2.1.3)$$

В (3) константы C_1, C_2, C_3 - скорости в областях $x < -vt, -vt < x < vt, vt < x$ соответственно. Используя (11) возможно найти действие $S(x,t)$, описывающее систему

$S = \int \dot{x}(x)dx$. Выражение для $S(x,t)$ имеет вид

$$S(x,t) = C_1(x+vt)\theta(-x-vt) + C_2\{x\theta(x+vt)\theta(vt-x) - $$
$$- vt\theta(-x-vt) + vt\theta(x-vt)\} + C_3(x-vt)\theta(x-vt) + \Phi(t), \quad (2.1.4)$$

(где $\Phi(t)$ - произвольная функция времени). Если учесть соотношение $z\delta(z) = 0$ получим соотношение: $\frac{\partial S}{\partial x} = \dot{x}$, где $\dot{x}$ определено равенством (3). Кроме того,

$$\frac{\partial S}{\partial t} = v(C_1 - C_2)\theta(-x-vt) + v(C_2 - C_3)\theta(x-vt) + \dot{\Phi}(t). \quad (2.1.5)$$

Соотношения (4) and (5) могут быть подставлены в уравнение Гамильтона-Якоби (см. [27]):

$$\frac{1}{2}\left(\frac{\partial S}{\partial x}\right)^2 + U(x,t) + \frac{\partial S}{\partial t} = 0. \quad (2.1.6)$$

Используя соотношения для U и S мы получим следующие три равенства:

$$\begin{cases} \frac{C_1^2}{2} + v(C_1 - C_2) + \dot{\Phi} = 0 \\ \frac{C_2^2}{2} - \alpha + \dot{\Phi} = 0 \\ \frac{C_3^2}{2} + v(C_2 - C_3) + \dot{\Phi} = 0 \end{cases} \quad (2.1.7)$$

Обозначим $\frac{C_1}{v} = u$, $\frac{C_2}{v} = y$, $\frac{C_3}{v} = w$, $\frac{2\alpha}{v^2} = a$. Параметрическая зависимость $w(u)$ (т.е. зависимость кончного импульса от начального) следует из (7):

$$\begin{cases} (u+1)^2 + a = (y+1)^2 \\ (w-1)^2 + a = (y-1)^2 \end{cases}$$

Из этих соотношений следует:

$$w = 1 \pm \sqrt{4 - 4\sqrt{(u+1)^2 + a} + (u+1)^2}. \quad (2.1.8)$$

В случае $a > 0$ при $-1 + \sqrt{5 + 4\sqrt{1+a}} > u > 1 + 2\sqrt{1+\sqrt{a}}$ существуют два положительных решения для импульса на выходе из системы, а если $-1 + \sqrt{5 + 4\sqrt{1+a}} < u$, то имеются положительное и отрицательное решения для импульса. При $a < 0$, т.е. при наличии барьера решение существует, если $u > -1 + \sqrt{-a}$, причем есть положительное и отрицательное решения для импульса.

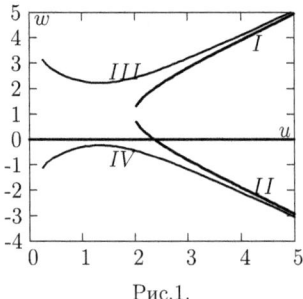

Рис.1.

Зависимость $w(u)$ при $a = \pm 1.5$ представлена на Рис.1. Для положительных величин a (т.е. при пересечении ямы) скорость частицы растет (кривая I на Рис.1.) или падает (кривая II на Рис.1), после прохождения барьера ($a < 0$) скорость растет (кривая III на том же рисунке) или, в случае, соответствующем кривой IV, описывает отражение от барьера.

Условие захвата частиц в яму можно представить в виде: $y < 1$, откуда следует: $u < -1 + \sqrt{4 - a}$. Условие преодоления барьера ($a < 0$) имеет вид: $u > -1 + \sqrt{4 - a}$. Оба эти условия отличаются от от соответствующих условий стационарного случая. В случае ямы возможен захват частицы с положительной энергией, а в случае барьера возможно преодоление барьера с энергией, меньшей высоты барьера. . Во всех случаях, изображенных на Рис.1 считалось, что "промежуточная"скорость $y > 0$.

В правой части уравнения (3) есть функция $\frac{x}{t}$ что позволяет найти точное решение $x(t)$. Будем считать, что в начальный момент времени $t = t_0 > 0$, тогда начальная скорость $\dot{x}_0 = C_1$. Обозначим $x_0 = -At_0$, где $A > v$. В результате интегрирования (3) можно получить:

$$x(t) = [C_1 t - t_0(C_1 + A)]\theta\left(t_0 \frac{C_1 + A}{C_1 + v} - t\right) +$$
$$+ \left[C_2 t - t_0 \frac{C_1 + A}{C_1 + v}(C_2 + v)\right]\theta\left(t - t_0 \frac{C_1 + A}{C_1 + v}\right)\theta\left(t_0 \frac{C_1 + A}{C_1 + v}\frac{C_2 + v}{C_2 - v} - t\right) +$$
$$+ \left[C_3 t - t_0 \frac{C_1 + A}{C_1 + v}\frac{C_2 + v}{C_2 - v}(C_3 - v)\right]\theta\left(t - t_0 \frac{C_1 + A}{C_1 + v}\frac{C_2 + v}{C_2 - v}\right). \quad (2.1.9)$$

Решение (8) является комбинацией трех линейных зависимостей, сшиваемых в точках: $t = t_0 \frac{C_1 + A}{C_1 + v}$ и $t = t_0 \frac{C_1 + A}{C_1 + v}\frac{C_2 + v}{C_2 - v}$. Рассмотренная задача решалась в работе [28].

Далее будут изучены точные решения уравнения Шредингера с нестационарным потенциалом в виде прямоугольной ямы с линейно растущим поперечным размером и постоянной глубиной. Рассмотрены одномерная и сферически-симметричная системы (см. также [29], [30]).

2.1.3 *Взаимодействие плоской волны с нестационарной ямой*

При наличии достаточно сложных внешних условий в реальных задачах могут представлять интерес элементарные процессы рассеяния, в которых потенциал рассеивающего поля является нестационарным. В одном из самых простых случаев рассеяние происходит на яме постоянной глубины при линейно растущем поперечном размере. При этом уравнение Шредингера может быть записано в виде:

$$i\frac{\partial \Psi}{\partial t} + \frac{1}{2}\frac{\partial^2 \Psi}{\partial x^2} - U(x,t)\Psi = 0, \quad (2.1.10)$$

где потенциал определяется равенством:

$$U(x,t) = -\alpha\theta(x + vt)\theta(vt - x), \quad (2.1.11)$$

θ-функция Хевисайда: $\theta(z)=0$, $z<0$, $\theta(z)=1$, $z>0$, α- глубина ямы. Считается, что масса $m = 1$, постоянная Планка $\hbar = 1$. В соответствии с (2) область переменных x, t может быть разделена ра три части (см. рис.2): $x < -vt$, $-vt < x < vt$, $x > vt$. При $x < -vt$ имеются падающая волна с амплитудой A_0 и импульсом $p_0 > 0$: $A_0 \exp\left(ip_0 x - \frac{ip_0^2 t}{2}\right)$ и

отраженная волна с амплитудой A_1 и импульсом $p_1 < 0$: $A_1 \exp\left(ip_1 x - \frac{ip_1^2 t}{2}\right)$

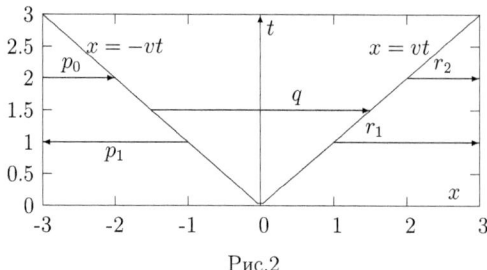

Рис.2

При $vt > x > -vt$ есть одна волна, описываемая выражением:

$B\exp\left(iqx - \dfrac{iq^2 t}{2} + i\alpha t\right)$, где $q > 0$ - импульс, B - амплитуда, полная энергия определяется величиной: $\frac{q^2}{2} - \alpha$.

Приравнивание показателей экспонент при $x = vt$ дает соотношение для импульсов: $(p+v)^2 = (q+v)^2 - 2\alpha$, откуда получаем два решения:

$$p_0 = -v + \sqrt{(q+v)^2 - 2\alpha}, \qquad (2.1.12)$$

$$p_1 = -v - \sqrt{(q+v)^2 - 2\alpha}. \qquad (2.1.13)$$

Из (13) следует, что существует отраженная волна ($p_1 < 0$), соотношение (12) ограничивает возможные значения q, при котрых $p_0 > 0$, должно выполняться неравенство: $q > -v + \sqrt{v^2 + 2\alpha}$. Решение в области $x > vt$ имеет вид: $C\exp(irx - \frac{ir^2 t}{2})$, здесь r - импульс, C - амплитуда волны. Равенство показателей экспонент при $x = vt$ приводит к соотношению: $(q-v)^2 - 2\alpha = (r-v)^2$, далее, аналогично (12), (12) получим:

$$r_1 = v + \sqrt{(q-v)^2 - 2\alpha}, \qquad (2.1.14)$$

$$r_2 = v - \sqrt{(q-v)^2 - 2\alpha}. \qquad (2.1.15)$$

Из (14), (15) видно, что $r_1 > 0, r_2 > 0$, если выполнены неравенства:

$$v + \sqrt{v^2 + 2\alpha} > q > v + \sqrt{2\alpha}. \qquad (2.1.16)$$

Неравенств (16) достаточно также для того, чтобы выполнялось соотношение $p_0 > 0$. Выражая q через p_0 из (12) и вместо (16) получим неравенства:

$$-v + v\sqrt{5 + 4\sqrt{1 + \dfrac{2\alpha}{v^2}}} > p_0 > -v + 2v\sqrt{1 + \dfrac{\sqrt{2\alpha}}{v}}. \qquad (2.1.17)$$

Таким образом, если импульс падающей волны удовлетворяет соотношениям (17), то имеется отраженная волна с импульсом $p_1 < 0$ и две проходящих волны с импульсами $r_1 > 0$ и $r_2 > 0$, что можно видеть на Рис.2. Если же эти неравенства не выполнены, то становятся возможными как поглощение, так и раскачка волн.

Сшивка решений при $x = -vt$ (приравнивание значений Ψ - функции и ее производных) позволяют получить соотношение для амплитуд. Выражения для амплитуд отраженной волны и амплитуды волны в яме имеют вид:

$$A_1 = A_0 \frac{p_0 - q}{q - p_1}, \qquad B = A_0 \frac{p_0 - p_1}{q - p_1}. \qquad (2.1.18)$$

Сшивка решений при $x = vt$ дает:

$$C_1 = B\frac{r_2 - q}{r_2 - r_1}, \qquad C_2 = B\frac{q - r_1}{r_2 - r_1}. \tag{2.1.19}$$

Заметим, что при выполнении неравенств (17) величины $A_{1,2}, B, C_{1,2}$ являются действительными.

Плотность вероятности $|\Psi|^2$ при $x < -vt$ имеет вид:

$$A_0^2 + A_1^2 + 2A_1 A_2 \cos\{2\sqrt{(q+v)^2 - 2\alpha}(x+vt)\}$$

Внутри ямы плотность вероятности постоянна и равна B^2. При $x > vt$, так же, как и при $x < -vt$, имеется интерференционная картина:

$$|\Psi|^2_{x>vt} = C_1^2 + C_2^2 + 2C_1 C_2 \cos\{2\sqrt{(q-v)^2 - 2\alpha}(x-vt)\}.$$

В отличие от случая рассеяния на стационарной яме в рассматриваемом случае появляются вторичные волны с измененной частотой, кроме того, появляется дополнительная волна - вместо двух имеются три вторичные волны.

2.1.4 Взаимодействие волны с нестационарной ямой при наличии сферической симметрии системы

Уравнение Шредингера в сферически-симметричном случае имее вид:

$$i\frac{\partial\Psi}{\partial t} + \frac{1}{2r}\frac{\partial^2}{\partial r^2}r\Psi - U(r,t)\Psi = 0. \tag{2.1.20}$$

Потенциал ямы с растущим размером запишем следующим образом:

$$U(r,t) = -\alpha\theta(vt - r). \tag{2.1.21}$$

Решение (20) при $r < vt$, регулярное в окрестности $r = 0$, имеет вид:

$$r\Psi_{in} = C\{\exp(iqr) - \exp(-iqr)\}\exp\left(-i\frac{q^2 t}{2} + i\alpha t\right), \tag{2.1.22}$$

а при $r > vt$ решения имеют вид: $\frac{A_{jk}}{r}\exp(-i\frac{p_{jk}^2 t}{2} + ipr)$.

Равенство показателей экспонент при $r = vt$ дает соотношения для импульса вне ямы:
$$p_{11,12} = v \pm \sqrt{(q-v)^2 - 2\alpha}, \qquad p_{21,22} = v \pm \sqrt{(q+v)^2 - 2\alpha}.$$

Для решения вне ямы следует:

$$r\Psi_{out} = \sum_{j=1,2;k=1,2} A_{jk}\exp\left(ip_{jk}r - i\frac{p_{jk}^2 t}{2}\right) \tag{2.1.23}$$

Использование сшивки Ψ - функции и ее производной позволяет получить выражения для амплитуд волн вне ямы через амплитуду волны в яме:

$$A_{11} = C\frac{q - p_{12}}{p_{11} - p_{12}}, A_{12} = C\frac{p_{11} - q}{p_{11} - p_{12}}, A_{21} = -C\frac{P_{22} + q}{p_{22} - p_{21}}, A_{22} = C\frac{p_{21} + q}{p_{22} - p_{21}}. \tag{2.1.24}$$

Условие действительности всех четырех внешнего импульса p является неравенство: $q > v + \sqrt{2\alpha}$. Условие же положительности этих величин требует выполнения неравенства $q < -v + \sqrt{v^2 + 2\alpha}$. При этом оказывается что $p_{22} < 0$, т.к. для этой величины не выполняется условие положительности. Таким образом, при действительных значениях импульсов имеется одна сходящаяся волна и три расходящихся, т.е. можно считать, волна, описываемая импульсом p_{22} является первичной, а остальные три - вторичные. В этих же условиях действительными являются величины A_{jk}. Наличие ненулевых мнимых частей импульсов означает, что возможны раскачка и поглощение волн.

Плотность вероятности внутри ямы, вотличие от линейного случая не является константой и имеет вид:

$$|\Psi_{in}|^2 = \frac{4C^2}{r^2}\sin^2(qr)$$

Вне ямы плотность вероятности описывается выражением:

$$r^2|\Psi_{out}|^2 = A_{11}^2 + A_{12}^2 + A_{21}^2 + A_{22}^2 + 2A_{11}A_{12}\cos\{2\sqrt{(q-v)^2 - 2\alpha(r-vt)}\}+$$

$$+2A_{11}A_{21}\cos\{S_1\} + 2A_{12}A_{22}\cos\{S_2\} + 2A_{11}A_{22}\cos\{S_3\} + 2A_{12}A_{21}\cos\{S_4\}+$$

$$+2A_{21}A_{22}\cos\{2\sqrt{(q+v)^2 - 2\alpha(r-vt)}\},$$

где

$$S_1(r,t) = (p_{11} - p_{21})(r - \frac{p_{11}+p_{21}}{2}t), \quad S_2(r,t) = (p_{12} - p_{22})(r - \frac{p_{12}+p_{22}}{2}t),$$

$$S_3(r,t) = (p_{11} - p_{22})(r - \frac{p_{11}+p_{22}}{2}t), \quad S_4(r,t) = (p_{12} - p_{21})(r - \frac{p_{12}+p_{21}}{2}t).$$

Отметим, в заключение, что аналогично может быть рассмотрена задача о рассеянии нестационарным «горбом» - в этом случае в равенствах (2) и(11) следует заменить α на $-\alpha$.

2.2 Динамика заряженного ансамбля в нестационарных координатах

2.2.1 Введение

Изучение динамики заряженных сгустков частиц, взаимодействующих с сильными собственными полями, оказывается достаточно прозрачным при наличии интегралов движения частиц. Для динамики такого типа является характерной необходимость решения нестационарных задач. Для стационарных задач существует интеграл энергии, играющий важную роль при изучении стационарных систем. В случае нестационарных задач возможно использование обобщений интеграла энергии для явно зависящих о времени систем – одним из таких обобщений является широко известный инвариант Куранта-Снайдера. При помощи этого инварианта изучался квантовомеханический осциллятор с переменной частотой (см. [1]). Кроме того, следует отметить ряд классических задач, относящихся,прежде всего, к ускорительной технике (см. [31] ,[32]). Широкое распространение для решения физических задач получило использование переменных масштабов. Так, введение зависящего от координат масштаба времени позволяет свести задачу Кеплера к задаче об осцилляторе ([6]). При решении нестационарного уравнения Шредингера часто используются нестационарные координаты, в которых масштаб координат зависит от времени. Отметим работы [8], [9], [10], [19], [33]. В работах [19], [33] проведено разделение переменных для получения точного решения и получены выражения для пропагатора нестационарного уравнения. В работе [34] изучалось решение в форме интеграла по траекториям. В работах [7], [25] изучались точные решения нестационарного уравнения Шредингера в условиях, когда разделение переменных невозможно, однако использование переменого масштаба позволяет упростить вид уравнения. В данном разделе для описания динамики сферических симметричных сгустков, взаимодействующих с собственным полем, будет использоваться обобщение интеграла энергии в нестационарных координатах.

2.2.2 Классическая система

Выражение

$$I = \frac{m}{2}\xi^2(t)(\dot{\vec{r}})^2 - \frac{m}{2}\left(\xi^2(t)\right)^{\cdot}\dot{\vec{r}}\vec{r} + V\left(\frac{\vec{r}}{\xi(t)}\right) + \frac{mr^2}{4}\left(\xi^2(t)\right)^{\cdot\cdot} \tag{2.2.1}$$

где m- масса частицы, $\xi(t)$- функция времени, $\vec{r},\dot{\vec{r}}$- радиус-вектор и скорость частицы, является интегралом движения, если энергия определяется выражением

$$H = \frac{m(\dot{\vec{r}})^2}{2} + \frac{1}{\xi^2(t)}V\left(\frac{\vec{r}}{\xi(t)}\right), \tag{2.2.2}$$

а $\xi(t)$ удовлетвояет условию

$$\left(\xi^2(t)\right)^{\cdot\cdot\cdot} = 0.$$

Из последнего условия следует: $\xi(t) = \sqrt{at^2 + bt + c}$, где a, b, c - константы. Если $\xi(t) \equiv \sqrt{c}$, то выражение (1) совпадает с энергией. Можно, далее, переписать (1) в виде:

$$I = \frac{m}{2}\left(\dot{\vec{r}}\xi - \dot{\xi}\vec{r}\right)^2 + V\left(\frac{\vec{r}}{\xi(t)}\right) + \frac{m\lambda r^2}{2\xi^2} \tag{2.2.3}$$

где $\lambda = ac - b^2$. Из (3) следует, что выражение (1) может быть преобразовано к виду:

$$I = \frac{m}{2}\left(\frac{d\vec{\rho}}{d\tau}\right)^2 + V(\vec{\rho}) + \frac{m\lambda}{2}\rho^2 \tag{2.2.4}$$

где $\tau = \int\frac{dt'}{\xi^2(t')}, \rho = \frac{\vec{r}}{\xi}$. В переменных $\vec{\rho}, \tau$ I не зависит от нового времени τ явно и является энергией в этих переменных, при этом к потенциальной энергии добавляется слагаемое $\frac{m\lambda}{2}\rho^2$.

Выражение (2) для энергии использовалось в большом количестве работ, изучавших квантовомеханические системы (см. [33], [7]). В работе [33] приведен также ряд обобщений выражения (3) для интеграла движения. Одному из таких обобщений соответствует следующее выражение для энергии:

$$H = \frac{m(\dot{\vec{r}})^2}{2} + \frac{1}{\xi^2}V\left(\frac{\vec{r}}{\xi(t)}\right) + \frac{\omega_0^2(t)}{2}(\vec{r})^2. \tag{2.2.5}$$

Уравнение движения при этом имеет вид: $\ddot{\xi}(t) + \omega_0^2(t)\xi = \frac{\lambda}{\xi^3}$. При $V \equiv 0$ рассматриваемый инвариант является инвариантом Куранта-Снайдера. Впервые, по-видимому, инвариант типа (3) описан в работах [35].

2.2.3 Сферически симметричная система

Предположим, что имеется сферически симметричный сгусток заряженных чпастиц, взаимодействющих с собственным электрическим полем. Обозначим потенциал Ф, заряд-—e. Тогда $V = -e\Phi\xi^2 > 0/$ При этом

$$\Delta_r\Phi = 4\pi en = -\frac{e}{\xi^4(t)}\Delta_\rho V(\rho), \tag{2.2.6}$$

где Δ_r вычисляется по компонентам $\vec{r}$, а Δ_ρ - по кормпонентам ρ. При интегрировании в фазовом пространстве функции распределения f, зависящей от инварианта $I = \frac{m}{2}(\vec{u})^2 + V + \frac{m\lambda r^2}{2\xi^2}$ ($\vec{u} = \vec{r}\xi - \vec{r}\dot{\xi}$), для плотности n можно получить: $n = \int d\vec{r}f(I) = \frac{1}{|\xi(t)|^3}\int d\vec{u}f(I)$. Вследствие различия покателей степени функции $\xi(t)$ в выражении для плотности и в выражении для ΔV следует считать, что функция распределения f удовлетворяет уравнению:

$$\frac{df}{dt} = -\nu(t)f, \qquad (2.2.7)$$

где $\nu(t) = \frac{\dot{\xi}}{\xi}$. Тогда

$$f = \chi_0 \exp\{-\int \nu(t')dt'\}F(I) = \frac{\chi_0}{\xi(t)}F(I), \qquad (2.2.8)$$

где χ_0-нормировочная константа, $F(I)$- функция интеграла движения I. Положим:

$$F(I) = \frac{1}{\sqrt{I_0 - I}}\theta(I_0 - I), \qquad (2.2.9)$$

где $\theta(x)$ -функция Хевисайда, $\theta = 1$, если $x > 0$, и $\theta = 0$ если $x > 0$. Используя (8) и (9) получим:

$$n = \chi_0 \exp\left(-\int \nu(t')dt'\right)\int \frac{d\vec{r}}{\sqrt{I_0 - I}}\theta(I_0 - I) =$$

$$2\pi \left(\frac{2}{m}\right)^{3/2}\frac{\chi_0}{\xi^4}\left(\frac{2I_0}{m} - \frac{2V}{m} - \lambda\rho^2\right)\theta\left(\frac{2I_0}{m} - \frac{2V}{m} - \lambda\rho^2\right) \quad (2.2.10)$$

Уравнение для $V = -\xi^2 e\Phi$:

$$\frac{1}{\rho}\frac{d^2}{d\rho^2}\rho V = -4\pi e^2 n\xi^4 \qquad (2.2.11)$$

можно тепрь представить следующим образом:

$$\frac{1}{\rho}\frac{d^2}{d\rho^2}\rho V = -4\pi e^2 n_0\left(1 - \frac{2V}{mV_0^2} - \frac{\lambda\rho^2}{V_0^2}\right)\theta\left(1 - \frac{2V}{mV_0^2} - \frac{\lambda\rho^2}{V_0^2}\right), \qquad (2.2.12)$$

где $V_0^2 = \frac{2I_0}{m}$, $\quad n_0 = 2\pi\left(\frac{2}{m}\right)^{3/2}\chi_0 V_0^2$. Введем безразмерные переменные: $U = \frac{2V}{mV_0^2}, \rho = \kappa s$, где $\kappa^2 = \frac{8\pi e^2 n_0}{m}$. Обозначим $\lambda_* = \lambda\kappa^2 m$. Тогда уравнение принимает вид:

$$\frac{1}{s}\frac{d^2}{ds^2}sU = -(1 - U - \lambda_* s^2)\theta(1 - U - \lambda_* s^2). \qquad (2.2.13)$$

Это уравнение легко решается аналитически как внутри сгустка, так и в области, где нет частиц. При этом для определения констант необходима сшивка решений в разных областях. Заметим, что уравнение содержит единственный параметр - λ_*, определяющий поведение системы. Можно видеть, что чем больше параметр λ_*, тем меньше размер сгустка. Уравнение непрерывности имет вид: $div\vec{j} + \frac{\partial n}{\partial t} = -\frac{\dot{\xi}}{\xi}n$. Правая часть этого уравнения описывает поглощение частиц. При переходе к переменным $\vec{r}, t$ видим, что радиус сгустка растет со временем при $\lambda > 0$, причем из-за поглощения полное число частиц убывает: $N = N_0/\xi(t)$.

2.2.4   Четырехмерный сферический сгусток

Несомненный методический интерес представляет рассмотрение динамики четырехмерного сферического сгустка. Чтобы получить для потенциала уравнение, которое будет линейным неоднородрым уравнениеем в области, занятой частицами, следует взять функцию распределения в виде:

$$f = \chi_0\delta(I - I_0). \qquad (2.2.14)$$

В этом случае выражение для плотности имеет вид:

$$n = \left(\frac{2}{m}\right)^3 \frac{\chi_0}{\xi^4} \pi^2 \left(I_0 - V - \frac{\lambda m \rho^2}{2}\right) \theta \left(I_0 - V - \frac{\lambda m \rho^2}{2}\right) \qquad (2.2.15)$$

Вследствие наличия множителя ξ^4 в знаменателе правй части (15) нет необходимости считать, что существует поглощение частиц. Уравнение для функции распределения имеет вид: $\frac{df}{dt} = 0$. Аналогично уравнению (12), Уравнение для V имеет вид:

$$\frac{1}{\rho^3} \frac{d}{d\rho} \rho^3 \frac{dV}{d\rho} = -4\pi e^2 n_0 \left(1 - \frac{2V}{mV_0^2} - \frac{\lambda \rho^2}{V_0^2}\right) \theta \left(1 - \frac{2V}{mV_0^2} - \frac{\lambda \rho^2}{V_0^2}\right), \qquad (2.2.16)$$

и после введения безразмерных переменных $U = \frac{2V}{mV_0^2}, \rho = \kappa s$ и $\lambda_* = \lambda \kappa^2 m$ получим уравнение:

$$\frac{1}{s^3} \frac{d}{ds} s^3 \frac{dU}{ds} = -\left(1 - U - \lambda_* s^2\right) \theta \left(1 - U - \lambda_* s^2\right). \qquad (2.2.17)$$

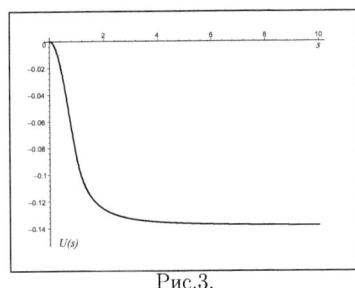
Рис.3.

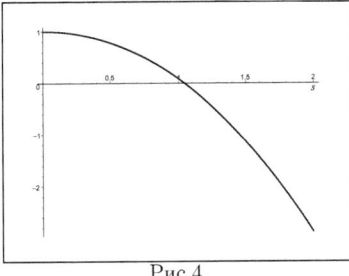
Рис.4.

На Рис.3 приведен результат численного решения уравнения (17) для $U(s)$ при нулевых начальных условиях. Точка пересечения функции $1 - U - \lambda_* s^2$ (изображенной на Рис.4) с осью s определяет радиус области, занятой частицами. Отметим, что в рассматриваемом случае потенциал не является квадратичной функцией радиуса, что необходимо в широко известной модели Капчинского-Владимирского (см.,например, работы [31], [32]). Результаты решения (17) качественно не отличаются от результатов, которые можно получить при решении уравнения (13), однако в 4-х мерном случае полное число частиц N сохраняется, уравнение непрерывности имеет вид: $div j + \frac{\partial n}{\partial t} = 0$. Отметим также, что одномерная система с поглощением частиц рассматривалась в работе [36].

2.2.5 Квантовомеханическая система

Уравнение Шредингера для частицы в нестационарном поле вида имеет вид:

$$i\hbar \frac{\partial \Psi}{\partial t} = H\Psi = -\frac{\hbar^2}{2m} \Delta \Psi + \frac{1}{\xi^2} V\left(\frac{\vec{r}}{\xi}\right) \Psi. \qquad (2.2.18)$$

Рассмотрим 4-х мерный случай. Введем новые переменные: $\rho = \frac{\vec{r}}{\xi(t)}$, $\tau = \int \frac{dt'}{\xi^2(t')}$, $\frac{d\tau}{dt} = \frac{1}{\xi^2}$. Равенство (18) приводится к виду:

$$i\hbar \left(\frac{\partial \Psi}{\partial \tau} - \frac{\dot{\xi}}{\xi} \vec{\rho} \frac{\partial \Psi}{\partial \vec{\rho}}\right) = -\frac{\hbar^2}{2m} \Delta \Psi + V(\rho)\Psi. \qquad (2.2.19)$$

В (19) точка означает производную $\frac{d}{d\tau}$, оператор Δ - в переменных $\vec{\rho}$. Положим, далее, $\Psi = \exp\left(\frac{im}{\hbar}\frac{\dot{\xi}}{\xi}\frac{\rho^2}{2}\right)\frac{1}{\xi^2}\Psi_1(\rho,\tau)$. Получим уравнение для Ψ_1:

$$i\hbar\frac{\partial\Psi_1}{\partial\tau} = -\frac{\hbar^2}{2m}\Delta\Psi_1 + \left(V + \frac{m\lambda\rho^2}{2}\right)\Psi_1, \qquad (2.2.20)$$

где $\lambda = ac - b^2$. Плотность заряда,определяемая функцией $\Psi(\vec{r},t)$, имеет вид:

$$q(\vec{r},t) = -e|\Psi|^2 = --e|\Psi_1|^2\frac{1}{\xi^4},$$

а уравнение для потенциала $V = -e\xi^2\Phi(\vec{r},t)$

$$\frac{1}{\xi^4}\frac{1}{\rho^3}\frac{d}{d\rho}\rho^3\frac{dV}{d\rho} = -\frac{4\pi e^2}{\xi^4}|\Psi_1|^2.$$

Поскольку в переменных $\vec{\rho},\tau$ задача является стационарной, можно положить: $\Psi_1(\vec{\rho},\tau) = \exp\left(\frac{i\chi^2\tau}{2\hbar}\right)\phi(\vec{\rho})$. Здесь $-\chi^2/2 = E$ - энергия связанного состояния. Таким образом, имеем нелинейую систему обыкновенных дифференциальных уравнений 4-го порядка:

$$\begin{cases} -\frac{\chi^2}{2}\phi = -\frac{\hbar^2}{2m}\frac{1}{\rho^3}\frac{d}{d\rho}\rho^3\frac{d\phi}{d\rho} + \left(V + \frac{m\lambda}{2}\rho^2\right)\phi, \\ \frac{1}{\rho^3}\frac{d}{d\rho}\rho^3\frac{dV}{d\rho} = -4\pi e^2|\phi|^2. \end{cases} \qquad (2.2.21)$$

Введем безразмерные переменные в (21): обозначим: $V/E = U(s)$, где $s = \rho/l_0, l_0 = \sqrt{\frac{\hbar^2\lambda}{42mE}}$. Получим систему:

$$\begin{cases} \frac{1}{s^3}\frac{d}{ds}s^3\frac{d}{ds}\phi = (1 + U(s) + \lambda_* s^2), \\ \frac{1}{s^3}\frac{d}{ds}s^3\frac{d}{ds}U(s) = -|\phi|^2. \end{cases} \qquad (2.2.22)$$

Здесь $\lambda_* = \frac{\hbar^2\lambda}{4E^2}$. В (22) считается, что заряд e имеет размерность $q/L^{3/2}$, q- элементарный заряд. В этом случае ψ-функция может считаться безразмерной. Можно также считать, что ψ-функция нормирована на единицу, т.е. в объеме с размером l_0 находится одна частица. Решение системы (22) при условиях: $\phi(0) = 10, \phi'(0) = 0, U(0) = U'(0) = 0.$ представлено на рисунках 5, 6. Характерным является поведение амплитуды (Рис.5) - сначала наличие резкого максимума, затем - колебания с возрастающей частотой. Потенциал же (Рис.6) обнаруживает резкое падение начиная с точки, где начинаются колебания амплитуды.

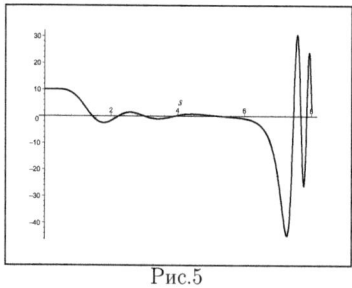

Рис.5

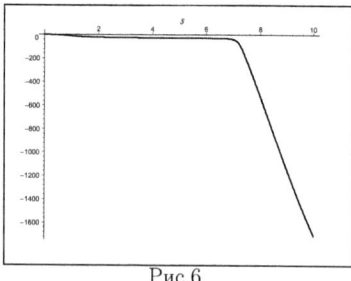

Рис.6

Отметим здесь, что для самосогласованного описания трехмерной или одномерной системы подобного типа необходимо введение в потенциал чисто мнимого слагаемого, приводящего к затухающим во времени состояниям.

2.3 Нестационарная самосогласованная модель ансамбля в собственном поле

2.3.1 Введение

При исследовании самосогласованных систем заряженных частиц в теории ускорителей, в физической электронике, в теории пучков и в физике плазмы интегралы движения в ряде случаев играют определяющую роль. Можно указать теорию электронных колец, теорию жестко фокусирующих систем, кинетическую теорию квазистационарных состояний пучков (см.[31], [32], [37]). Значительная часть известных интегралов движения, не следующих из свойств симметрии системы, представлена в работе [33], посвященной точно решаемым нестационарным потенциалам в квантовой механике. Особенно плодотворным оказывается использование интегралов движения для описания систем частиц, взаимодействующих с собственными полями. В настоящей работе изучаются нестационарные ансамбли с помощью инварианта, описанного в ряде работ (см.[33], [35], [38]). Для описания самосогласованных систем кроме этого инварианта оказывается необходимым использование сопряженных интегралов движения. Показана возможность сведения нестационарной квантовой системы, описываемой тем же инвариантом, к системе обыкновенных дифференциальных уравнений и получены частные численные решения этой системы.

2.3.2 Сопряженные интегралы движения

Рассмотрим простейший одномерный стационарный случай, когда система может быть описана гамильтонианом :

$$H = \frac{p^2}{2m} + U(x) \qquad (2.3.1)$$

Здесь p- импульс, m - масса, $U(x)$ - потенциал. Уравнение Гамильтона- Якоби для этой системы имеет вид:

$$\frac{\partial S}{\partial t} + \left(\frac{\partial S}{\partial x}\right)^2 + U(x) = 0, \qquad (2.3.2)$$

Здесь S-функция Гамильтона (действие). Будем искать решение (2) в следующем виде:

$$S = \pm \int dx' \sqrt{2m(H - U(x'))} + \psi(t).$$

Тогда $\psi = -H$ и $S = \pm \int_0^x dx' \sqrt{H - U(x')} - Ht$. Определим интеграл, сопряженный с H:

$$J_H^\pm = \frac{\partial S}{\partial H} = \pm \int_0^x \frac{dx'}{\sqrt{\frac{2}{m}(H - U(x'))}} - t. \qquad (2.3.3)$$

Таким образом, кроме энергии имеется и сопряженный нестационарный интеграл движения, явно зависящий от времени t. Знаки $\pm$ соответствуют направлению движения вдоль оси Интегралы (3) непригодны для описания самосогласованных нестационарных систем, т.к. выведены для изначально стационарной задачи.

Рассмотрим случай нестационарного гамильтониана, заданного особым образом. См [19, 35, 38].

$$H = \frac{p^2}{2m} + \frac{1}{\xi^2(t)} U\left(\frac{x}{\xi(t)}\right) \qquad (2.3.4)$$

Для системы, описываемой гамильтонианом (4), существует инвариант:

$$I = \frac{m}{2}(\dot{x}\xi - x\dot{\xi})^2 + \frac{m}{2}\lambda\frac{x^2}{\xi^2} + U\left(\frac{x}{\xi}\right), \qquad (2.3.5)$$

где безразмерная функция $\xi(t)$ удовлетворяет уравнению: $\ddot{\xi} = \frac{\lambda}{\xi^3(t)}$, λ - константа. Обозначим $x_* = \frac{x}{\xi(t)}$ и введем новое время: $\tau = \int_0^t \frac{dt'}{\xi^2(t')}$. Тогда

$$I = \frac{m}{2}\left(\frac{dx_*}{d\tau}\right)^2 + \frac{m\lambda}{2}x_*^2 + U(x_*).$$

Построим интеграл, сопряженный с I. Аналогично стационарному случаю получим:

$$J_I^{\pm} = \frac{\partial S}{\partial I} = \pm \int_{x_0}^{x_*} \frac{dx_*'}{\sqrt{\frac{2}{m}(I - U(x_*) - \lambda x_*'^2}} - \tau. \tag{2.3.6}$$

Этот интеграл может быть использован для исследования самосогласованных нестационарных систем, описываемых гамильтонианом (4).

2.3.3 *Одномерная самосогласованная система*

Рассмотрим одномерную нестационарную систему частиц с зарядом $-e$, взаимодействующих с собственным полем, описываемым потенциалом $\Phi(t)$, удовлетворяющим уравнению Пуассона. Введем потенциальную функцию $U(x_*) = -\xi^2(t)e\Phi$. Потенциал зависит определенным образом от координаты и от времени. Уравнение Пуассона: $\frac{d^2\Phi}{dx^2} = 4\pi n(x,t)$, где $n(x,t) = \int d(m\dot{x})f(I, J_I^{\pm})$. В этом разделе далее будем считать, что имеются только частицы, движущиеся в положительном направлении оси x. Поскольку

$$d\dot{x} = \frac{1}{m\xi}\frac{dI}{\sqrt{\frac{2}{m}(I - U) - \lambda x_*^2}},$$

уравнение Пуассона может быть представлено в виде:

$$\frac{d^2U}{dx_*^2} = -4\pi e^2\xi^3 \int \frac{dI f(I, J_I^+)}{\sqrt{\frac{2}{m}(I - U) - \lambda x_*^2}} \tag{2.3.7}$$

Полная согласованность задачи достигается в случае, когда интеграл в правой части пропорционален $[\xi(t)^{-1}]$. Возьмем функцию распределения в виде:

$$f = \kappa\delta(I - I_0)\exp\left\{\frac{3}{2\tau_0}J_I^+\right\} \tag{2.3.8}$$

где τ_0 - константа размерности времени. Зависимость интеграла от времени определяется множителем $\exp\{\frac{3}{2\tau_0}J_I^+\}$. Если положить $\xi^3\exp\{\frac{3}{2\tau_0}J_I^+\} = const = \xi_0^3$, то можно получить: $\xi = \sqrt{\frac{t}{\tau_0} + \xi_0^2}$. При этом приведенному выражению для $\xi(t)$ соответствует значение $\lambda = -\frac{1}{4\tau_0^3}$. Таким образом, плотность, определяемая функцией распределения (8), имеет вид:

$$n = \frac{\kappa}{\xi^4\sqrt{\frac{2}{m}(I_0 - U) + \frac{x_*^2}{4\tau_0^2}}}\exp\left\{\frac{3}{2\tau_0}\int \frac{dx_0'}{\sqrt{\frac{2}{m}(I_0 - U(x_0')) + \frac{x_0'^2}{4\tau_0^2}}}\right\}. \tag{2.3.9}$$

При этом плотность тока частиц имеет вид:

$$j = \frac{\dot{\xi}x}{\xi}n + \frac{\kappa}{\xi^3}\exp\left\{\frac{3}{2\tau_0}\int \frac{dx_0'}{\sqrt{\frac{2}{m}(I_0 - U(x_0')) + \frac{x_0'^2}{4\tau_0^2}}}\right\}.$$

Введем обозначения:

$$v_0^2 = \frac{2I_0}{m}, \quad s = \frac{x_*}{2v_0}, \quad y = \frac{2U}{mv_0^2}, \quad z(s) = \int_0^s \frac{ds'}{\sqrt{1 - y(s') + s'^2}}.$$

Уравнение Пуассона принимает вид:

$$y'' = -\frac{\theta_*}{\sqrt{1 - y(s) + s^2}} \exp\{3z(s)\} = -\frac{\theta_*}{3} \frac{d}{ds} \exp\{3z(s)\} \qquad (2.3.10)$$

Здесь $\theta_* = \frac{32\pi e^2 \kappa}{mv}$. Если обозначить $n+* = \frac{\kappa}{v_0}$, то $\theta_* = \omega_*^2 \tau_0^2$, где $\omega_*^2 = \frac{32\pi n_* e^2}{m} \xi_0^3$.. Из (10) следует: $y' = -\frac{\theta_*}{3} \exp\{3z(s)\} + C_0$ и уравнение может быть приведено к виду:

$$y'' = (y' - C_0) \frac{3}{\sqrt{1 - y(s) + s^2}}. \qquad (2.3.11)$$

. При этом величина θ_* определяет граничное условие: $y_0' = -\frac{\theta_*}{3} + C_0$. Приведенные выше выражения для плотности и плотности тока частиц могут быть преобразованы к виду:

$$n = \frac{n_1(C_0 - y')}{\xi^4 \sqrt{1 - y + s^2}} = a(s)\frac{n_1}{\xi^4}, j = \frac{n_1 v_0}{\xi^5}(C_0 - y')\left(\frac{s}{\sqrt{1 - y + s^2}} + 1\right) = b(s)\frac{n_1 v}{\xi^5}. \quad (2.3.12)$$

где $n_1 = \frac{3m}{32\pi e^2 \tau_0^2 \xi_0^3}$, Выражения (12) удовлетворяют уравнению непрерывности: $\frac{\partial n}{\partial t} + \frac{\partial j}{\partial x} = 0$. Уравнение (11) имеет частное решение в виде квадратного трехчлена: $y = \frac{a}{2}s^2 + bs + c$. . Можно получить: $b = C_0(1 - \frac{a}{2}), c = 1 - \frac{C_0^2}{4}(1 - \frac{a}{2})$. Используя граничное условие, получим: $C_0 = -\frac{\theta_*}{3}$. Из уравнения следует, что $a = -3$. Частицы занимают область $\infty > s > \frac{C_0}{2} = -\frac{\theta_*}{6}$, при этом их плотность постоянна по и убывает по времени, а скорость растет с ростом s от нуля в начальной точке и также убывает во времени. Заметим, что $y(0) = y_0 = \frac{5C_0^2}{8} = \frac{5}{8}\frac{\theta_0^2}{9} < 1$.

На рисунках приведены результаты решения уравнения (11) при начальных условиях $y(0) = 0$ и $y'(0) = 0$. При численном решении взято значение $C_0 = 1$. . Потенциал $y(s)$ изображен на рис.7, плотность частиц $a(s)$ на рис.8 и плотность тока $b(s)$ на рис 9. Отметим здесь отличие частного аналитического решения от приведенного численного. В приведенном численном решении плотность не равна нулю на всей оси s и плавно растет достигая постоянного значения при достаточно больших s. При этом ток растет по закону, близкому к линейному. Полное количество частиц на конечном промежутке неограниченно возрастает при увеличении длины промежутка. Если в момент времени $t = 0$ зависимость плотности, плотности тока и потенциала соответствуют изображенным на рис. 7-9, то вид этих зависимостей не меняется со временем, но соответствующие величины убывают $\sim \frac{1}{\xi^4(t)}$. Полное число частиц на отрезке от $-infinity$ до некоторого значения $x = X$ убывает из-за ухода частиц: $\frac{\partial}{\partial t}\int_{-\infty}^x n(x,t)dx = -j(X,t)$.

2.3.4 *Симметричное движение частиц*

.

В отличие от предыдущего раздела, будем считать, что есть частицы, движущиеся не только в положительном направлении оси x, но и в отрицательном направлении этой оси. Поскольку плотность определяется полусуммой

$$\frac{1}{2}\left[\exp\left\{\frac{J_I^+}{2\tau_0}\right\} + \exp\left\{\frac{J_I^-}{2\tau_0}\right\}\right],$$

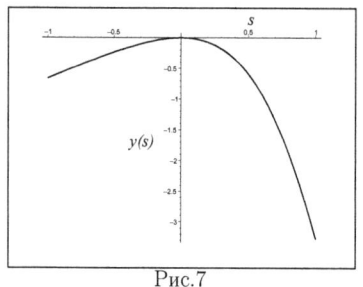

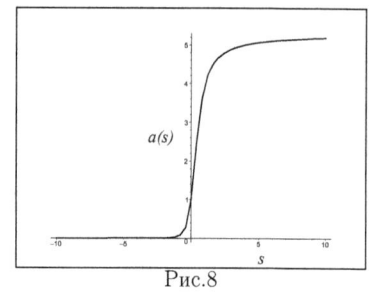

Рис.7   Рис.8

в уравнение Пуассона входит плотность $n = \frac{n_* z}{\xi^4} \cosh(3z)$. Плотность тока $j = \frac{n_* v_0}{\xi^5}(sz' \cosh(3z) + \sinh(3z))$. Получим систему уравнений:

$$y'(s) = -\frac{\theta_*}{3}\sinh\{3z(s)\} + C_0, \quad z' = \frac{1}{\sqrt{1 - y(s) + s^2}} \qquad (2.3.13)$$

которая может быть приведена к одному уравнению:

$$y'' = -\frac{\theta_*}{\sqrt{1 - y(s) + s^2}}\sqrt{1 + \frac{9}{\theta_*^2}(C_0 - y(s))^2} \qquad (2.3.14)$$

здесь C_0 -произвольная константа.

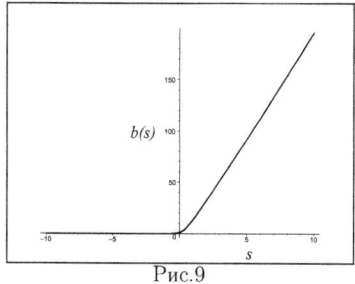

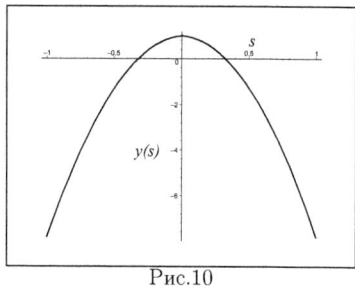

Рис.9   Рис.10

На рисунках 10 и 11 приведены результаты вычислений потенциала и плотности частиц при $\theta_* = 3, C_0 = y_0' = 0, y(0) = 0.999$. Характерно, что плотность имеет резкий максимум вблизи в случае, когда $y_0 \to 1$. Существует критическое значение $y_* = 1 - \frac{\theta_*^2}{256}$. Если $y_0 < y_*$, то плотность имеет вид ямы вблизи $s = 0$. При $1 > y_0 > y_*$ имеется максимум плотности при $s = 0$.

2.3.5   *Сферически симметричная система*

Рассмотрим, далее, сферически симметричную задачу. Уравнение Гамильтона-Якоби в этом случае имеет вид (см.[27]):

$$\frac{\partial S}{\partial t} + \frac{1}{2m}\left(\frac{\partial S}{\partial r}\right)^2 + \frac{1}{2mr^2}\left(\frac{\partial S}{\partial \theta}\right)^2 + \frac{1}{2mr^2 \sin^2\theta}\left(\frac{\partial S}{\partial \phi}\right)^2 + U(r,t) = 0 \qquad (2.3.15)$$

Здесь r, θ, ϕ - координаты в сферической системе, S - функция Гамильтона. Решение (15) будем искать в виде:

$$S = \pm\int\sqrt{2m\left(H - U(r',t) - \frac{L}{2r'^2}\right)}dr' + \psi(t)+$$

$$+M_\phi\phi \pm \int_{\arcsin\left|\frac{M_\phi}{\sqrt{L}}\right|}^{\theta} d\theta' \sqrt{L - \frac{M_\phi^2}{\sin^2\theta'}},$$

, где M_ϕ - проекция момента на ось z, $L = \frac{M_\phi^2}{\sin^2\theta} + m^2(r^2\dot{\theta})^2$ - квадрат полного момента.

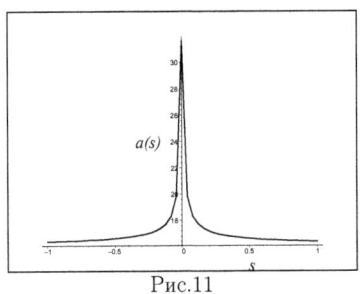

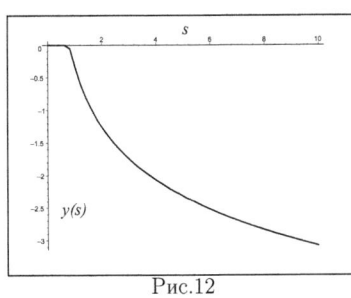

Рис.11   Рис.12

Сопряженный с энергией H интеграл $J_H^\pm$ имеет вид:

$$J_H^\pm = \frac{\partial S}{\partial H} = \pm \int \frac{dr'}{\sqrt{\frac{2}{m}(H - U(r')) - \frac{L}{2m^2r'^2}}} - t$$

Величины $J_M = \frac{\partial S}{\partial M_\phi}$ и $J_L = \frac{\partial S}{\partial L}$ также определяют сохраняющиеся величины, не представляющие интерес для данной задачи.

Так же, как и в предыдущем разделе, перейдем от H к инварианту I, сохраняющемуся при определенной зависимости потенциальной функции от $\vec{r}$ и t. В этом случае гамильтониан имеет вид:

$$H = \frac{p_r^2}{2m} + \frac{L}{2mr^2} + \frac{1}{\xi^2(t)}U\left(\frac{r}{\xi(t)}\right).$$

Здесь $p_r = m\dot{r}$. Используя выражение гамильтониана, можно получить выражение для инварианта:

$$I = \frac{m}{2}(\dot{r}\xi - r\dot{\xi})^2 + U\left(\frac{r}{\xi(t)}\right) + \frac{\lambda m}{2}\frac{r^2}{\xi^2} + \frac{L}{2m}\frac{\xi^2}{r^2}, \qquad (2.3.16)$$

где $\ddot{\xi} = \frac{\lambda}{\xi^3}$, λ - константа. . Аналогично интегралу $J_H^\pm$ можно построить интеграл $J_I^\pm$, сопряженный с I. В дальнейшем в данном разделе будем считать, что имеются только частицы, описываемые интегралом J_I^+ (опуская верхний индекс $+$). Плотность частиц выражается интегралом в фазовом пространстве:

$$n = \int d\vec{q}f(I, J_I, L). \qquad (2.3.17)$$

Элемент фазового пространства представим в виде:

$$d\vec{q} = dq_r dq_\theta dq_\phi, \quad dq_\phi = \frac{dM_\phi}{r\sin\theta},$$

$$dq_r = m d\dot{r} = \frac{dI}{\xi\sqrt{\frac{2}{m}(I - U) - \lambda\frac{r^2}{\xi^2} - \frac{L\xi^2}{m^2r^2}}}, dq_\theta = \frac{dL}{2r\sqrt{L - \frac{M_\phi^2}{\sin^2\theta}}}.$$

Усреднение по M_ϕ приводит к выражению:

$$n = \frac{\pi}{2r^2} \int \frac{dI dL f(I, L, J_I)}{\xi\sqrt{\frac{2}{m}(I - U) - \lambda\frac{r^2}{\xi^2} - \frac{L\xi^2}{m^2r^2}}}.$$

При этом плотность тока j_r имеет вид: ($\dot{r}$ может быть выражено через I из (16))

$$j_r = \frac{\pi}{2r^2\xi}\frac{\dot{\xi}r}{\xi}\int \frac{fdIdL}{\sqrt{\frac{2}{m}(I_U) - \lambda^2\frac{r^2}{\xi^2} - \frac{L}{m^2}\frac{\xi^2}{r^2}}} + \frac{\pi}{2r^2\xi^2}\int fdIdL.$$

. Сделаем, далее, замену переменных: $r = \rho\xi, \tau = \int \frac{dt'}{\xi^2(t')}$. При этом уравнение Пуассона принимает вид:

$$\frac{1}{\xi^4(t)}\frac{1}{\rho^2}\frac{d}{d\rho}\rho^2\frac{dU}{d\rho} = -\frac{4\pi e^2}{\xi^3(t)\rho^2}\int \frac{dIdLf(I, L, J_I)}{\sqrt{\frac{2}{m}(I - U(\rho)) - \lambda\rho^2 - \frac{L}{m^2\rho^3}}}. \qquad (2.3.18)$$

Аналогично предыдущему разделу, функция распределения должна содержать множитель, экспоненциально зависящий от J_I. Положим: $f = \kappa_*\delta(I - I_0)\exp\{\frac{1}{2\tau_0}J_i\}$. Заметим, что в переменных ρ, τ сопряженный с I инвариант J_I имеет вид:

$$J_I = -\tau + \int_0^\rho \frac{d\rho'}{\sqrt{\frac{2}{m}(I - U(\rho')) - \lambda\rho'^2 - \frac{L}{m^2\rho'^2}}}.$$

Если выполнено условие $\xi\exp\left(-\frac{\tau}{2\tau_0}\right) \equiv \xi_0$, то в уравнение Пуассона в качестве независимой переменной входит только ρ. Таким образом, $\xi(t) = \sqrt{\frac{t}{\tau} + \xi_0^2}, \lambda = -\frac{1}{4\tau_0^2}$. Обозначим, далее, .

$$v_0^2 = \frac{2I_0}{m}, s = \frac{\rho}{2\tau_0 v_0}, y = \frac{2U}{mv_0^2}, l = \frac{L}{4m^2\tau_0^2v_0^4}, u(s) = \int_0^s \frac{ds'}{\sqrt{1 - y(s') - l/s'^2}}.$$

Тогда из уравнения Пуассона следует:

$$\frac{d}{ds}s^2\frac{d}{ds}y(s) = -\theta u'e^{u(t)}, u'(s) = \frac{1}{\sqrt{1 - y(s) + s^2 - l/s^2}}. \qquad (2.3.19)$$

Константа θ определяется параметрами задачи – κ_*, m, v_0, τ_0 и зарядом e : $\theta = \frac{8\pi e^2\kappa_*}{mv_0^3}\xi_0$. Если использовать равенство $y' = -\frac{\theta}{s^2}\exp(u(s)) + \frac{C_0}{s^2}$, система (19) может быть записана в виде одного уравнения :

$$\frac{d}{ds}s^2\frac{dy(s)}{ds} = -\frac{C_0 - s^2y'(s)}{\sqrt{1 - y(s) + s^2 - l/s^2}}. \qquad (2.3.20)$$

Плотность частиц может быть записана в виде:

$$n = n_1\frac{C_0 - y'}{\xi^4\sqrt{1 - y(s) + s^2 - l/s^2}} = a(s)n_1/\xi^4,$$

а плотность тока:

$$j_r = n_1v_0\left(\frac{s}{\sqrt{1 - y(s) + s^2 - 1/s^2}} + 1\right)\frac{C_0 - y'}{\xi^5} = b(s)\frac{n_1v_0}{\xi^5},$$

где $n_1 = \frac{m}{32\pi e^2\tau_0^2\xi_0}$. На рисунках 12 и 13 приведены решения для потенциала $y(s)$ и плотности частиц $a(s)$ при $y(0) = y'(0) = 0$. Из-за того, что $L \neq 0$, плотность вблизи начала координат равна нулю. При больших значениях координаты плотность убывает, однако полное число частиц в области, ограниченной некоторым значением координаты неограниченно растет с ростом этого значения так же, как и в одномерном случае. Возможно, что изученные здесь состояния будут представлять интерес для ускорения частиц собственными полями. Дополнительным фактором, усиливающим эффект ускорения, может быть нестационарность. Отрицательное значение константы λ означает, что расширение координат является дополнительным фактором, усиливающим расталкивание частиц. Из этого, в свою очередь, следует, что эффективное значение ускоряющего поля может существенно увеличиться.

2.3.6 Одномерная квантовомеханическая система

Использование вышеприведенного гамильтониана позволяет также дать точное решение самосогласованной нестационарной квантовомеханической задачи. В одномерном случае уравнение Шредингера может быть представлено в виде:

$$i\hbar\frac{\partial\Psi}{\partial t} = -\frac{\hbar^2}{2m}\frac{\partial^2\Psi}{\partial x^2} + \frac{1}{\xi^2(t)}V\left(\frac{x}{\xi(t)}\right)\Psi, \qquad (2.3.21)$$

где потенциальная функция V выражается через потенциал электрического поля: $q\Phi = \frac{1}{\xi^2(t)}V\left(\frac{x}{\xi(t)}\right)$, здесь q – заряд «слоя» с размерностью e/l, в этом случае Ψ – функция может считаться безразмерной.

Как и в классической задаче, введем новые переменные: $x_* = \frac{x}{\xi(t)}, \tau = \int\frac{dt'}{\xi^2(t')}, \frac{d\tau}{dt} = \frac{1}{\xi^2}$. Сделаем, далее, замену:

$$\Psi = \frac{1}{\xi^2}\Psi_1(x_*,\tau)\exp\left\{\frac{im}{\hbar}\frac{\dot{\xi}}{\xi}\frac{x_*^2}{2}\right\}.$$

Тогда получим уравнение:

$$i\hbar\left(\frac{\partial\Psi_1}{\partial\tau}\right) = -\frac{\hbar^2}{2m}\frac{\partial^2\Psi_1}{\partial x_*^2} + \left(V(x_*) + \frac{\lambda m x_*^2}{2} + \frac{3i\hbar}{2}\frac{\dot{\xi}}{\xi}\right)\Psi_1. \qquad (2.3.22)$$

Будем, далее, считать, как в классической задаче, $\lambda = -\frac{1}{4\tau_0^2}, \xi = \sqrt{\frac{t}{\tau_0} + \xi_0^2} = \xi_0\exp\left(\frac{\tau}{\tau_0}\right)$. Тогда $\frac{\dot{\xi}}{\xi} \equiv const = \frac{1}{2\tau_0}$. При этом становится возможным разделение переменных в уравнении (21). Положим: $\Psi_1 = T(\tau)X(x_*)$. Можно получить:

$$i\hbar\frac{\dot{T}}{T} = -\frac{\hbar^2}{2m}\frac{X''}{X} + V(x_*) - \frac{m}{8\tau_0^2}x_*^2 + \frac{3i\hbar}{4\tau_0}. \qquad (2.3.23)$$

В (23) точка означает производную по τ, а штрих - производную по x_*. Для того, чтобы плотность заряда зависела от τ только множителем $1/\xi^4$, следует положить $i\hbar\frac{\dot{T}}{T} = T$, где E – действительная величина. В этом случае функция $X(x_*)$ является комплексной.

$$E - \frac{3i\hbar}{4\tau_0} = -\frac{\hbar^2}{2m}\frac{X''}{X} + V(x_*) - \frac{m}{8\tau_0^2}x_*^2. \qquad (2.3.24)$$

Будем искать решение (23) в виде: $X = R(x_*)\exp(i\theta(x_*))$ где R и θ - действительные функции. Получим систему:

$$\begin{cases} -\frac{\hbar^2}{2m}(R'' - R\theta'^2) + \left(V(x_*) - E - \frac{m}{8\tau_0^2}x_*^2\right)R = 0, \\ -\frac{\hbar^2}{2m}(2R'\theta' + R\theta'') + \frac{3\hbar R}{4\tau_0} = 0. \end{cases} \qquad (2.3.25)$$

Эта система должна быть дополнена уравнением для потенциальной функции $V(x_*)$, определяемой собственным зарядом $\frac{q|\Psi_1|^2}{\xi^4}$.

$$\frac{d^2}{dx_*^2} V(x_*) = -4\pi q^2 R^2 \tag{2.3.26}$$

Соотношение (26) следует из уравнения Пуассона: . $\frac{d^2\Phi}{dx^2} = -4\pi\rho, \rho = q|\Psi|^2$. Введем безразмерную переменную $s = x_*/\sqrt{\frac{2\hbar\tau_0}{m}}$. Тогда уравнения примут вид:

$$\begin{cases} \frac{\hbar}{4\tau_0}(R'' - R\theta'^2) - \left(V - E - s^2\frac{\hbar}{4\tau_0}\right)R = 0, \\ 2R'\theta' + R\theta'' - 3R = 0, \\ V'' = -\frac{8\pi q^2\hbar\tau_0}{m}R^2. \end{cases} \tag{2.3.27}$$

Штрих означает производную по s . Отметим, что выполняется уравнение непрерывности: $\frac{\partial P}{\partial t} = \frac{\partial S}{\partial x}$, где

$$P(x,t) = \frac{1}{\xi^2}R^2\left(\frac{x}{\xi(t)}\right), \quad S(x,t) = \frac{i\hbar}{2m}\left(\frac{2iR^2\theta'}{\xi^5} + \frac{2im}{2\hbar\tau_0}\frac{x}{\xi^6}R^2\right),$$

P - плотность вероятности, S - плотность потока вероятности. Перепишем систему (27) в следующем виде: $R(s) = x(s), \theta' = y(s), \frac{4\tau_0}{\hbar}V(s) = z(s)$. . Положим $\frac{4\tau_0 E}{\hbar} = 1, y(0) = 0, \frac{32\pi q^2 \tau_0^2}{m} = 1$. Тогда система (27) может быть сведена к двум уравнениям второго порядка:

$$x'' = x\left(z + \frac{9z'^2}{x^4} - 1 - s^2\right), z'' = -x^2. \tag{2.3.28}$$

В качестве граничных условий для системы (28) положим: $z'(0) = 0, z(0) = 0, x'(0) = 0, x(0) = 10$. На рисунках 14,15,16 – результаты численных вычислений для самосогла-

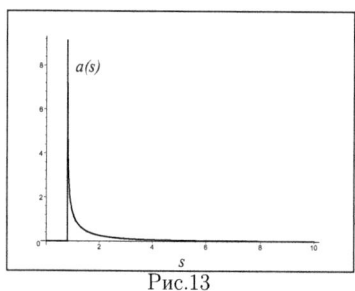

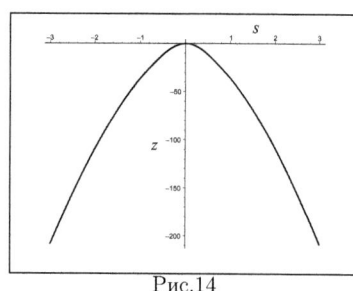

Рис.13   Рис.14

сованного потенциала (Рис.14), плотности вероятности (Рис.15) и отношение плотности потока вероятности к плотности вероятности (т.е. скорости) (Рис.16). Характерно, что плотность вероятности и отношение плотности потока вероятности к плотности вероятности имеют колебательный характер, причем частота колебаний растет. При этом потенциал монотонно убывает с ростом s. При усреднении по колебаниям вид полученных кривых качественно совпадает с классическими.

Таким образом, в разделе изучена нестационарная система, описываемая модельным гамильтонианом. Показана возможность сведения описания сложной самосогласованной системы к системе обыкновенных дифференциальных уравнений. Получены частные решения нелинейных систем уравнений.

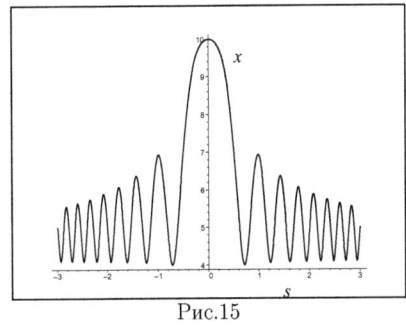
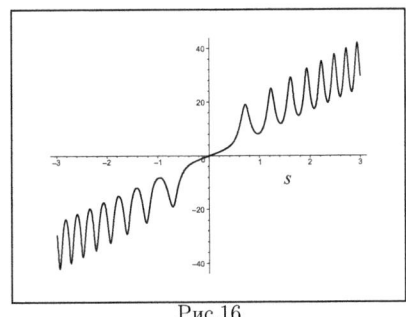

Рис.15   Рис.16

ЗАКЛЮЧЕНИЕ

В работе, таким образом, рассмотрен ряд модельных задач, основной чертой которых является наличие нетривиальной зависимости от времени. При этом использованы упрщающие предположения, позволяющие найти точные решения нестационарных задач. Среди этих предположений особую роль играет предположени о точечности взаимодействия в квантовомеханических системах. В случае относительного движения точечных притягивающих центров с постоянной скоростью оказывается возможным определение точного решения уравнения Шредингера. Существенно, что точное решение может быть определено в ситуации, когда в уравнении не разделяются переменные и нет интеграла движения. Особо рассмотрено точечное взаимодействие в трехмерной задаче. Предложена интегральная модель, адекватно описывающая возможность слияния точечных центров, в отличие от известной модели с производной. Возможно, что усовершенствование этой модели позволит более точно описывать результаты экспериментов. Методы одномерной задачи применены для исследования состояний сферической δ - оболочки.

Возможность точного решения при постоянной скорости разбегания центров распространяется также и на случай увеличения поперечного размера ямы или барьера с постоянной скоростью. Получено решение квантовомеханической задачи рассеяния нестационарным препятствием. В заключительрых разделах исследовалось поведение ансамбля частиц, взаимодействующих с собственным полем. Используется интеграл движения, не следующий, так же, как и интеграл Капчинского-Владимирского, из общих свойств симметрии - "интеграл Мещерского". При этом возможно полностью самосогласованное описание системы, причем в отличие от случая Капчинского-Владимирского потенциал не обязательно является квадратичной функцией координат, однако потенциал определенным образом зависит от функции, определенным образом зависящей от координаты и времени. Введено понятие о "сопряженных" интегралах движения, что позволяет найти новые самосогласованные решения. Получены также решения самосогласованных нестационарных квантовомеханических задач, описываемых модельным потенциалом, явно зависящим от времени.

СПИСОК ЛИТЕРАТУРЫ

1.K.Husimi, //Progr.of Theor. Phys.,1953, v. 9, No 4, pp.381-402.

2. G.Breit, //Ann.Phys. (N.Y.), v. 34, 377 (1965).

3.G.Herling, Y.Nishida, //Ann.Phys. (N.Y.), v. 34, 400 (1965).

Y.Nishida,//Ann.Phys. (N.Y.), v.34, 415 (1965).

5. Ю.Н.Демков, В.Н.Островский. Метод потенциалов нулевого радиуса действия в атомной физике. 1975, Изд-во Ленингр. Ун-та,,Ленинград.

Yu.N.Demkov and V.N.Ostrovskii, *Zero-range Potentials and Their Application in Atomic Physics* (Plenum, New York,1988).

6.Е.А.Соловьев, //Ядерная физика, 1982, v.35, 242.

7.Е.А.Соловьев,//ТМФ, т.28, 240 (1976) [Theor.Math.

8. С.К.Жданов, А.С.Чихачев, //ДАН СССР, 1974, т.218, 1323

S.K.Zhdanov and A.S.Chikhachev,// Dokl. Akad. Nauk SSSR v.218, 1323, 1974 [Sov. Phys. Dokl. v.19, 696 (1975)].

9. С.К.Жданов, А.С.Чихачев. Нейтрализация и перезарядка частиц в одномерной модели, 1974, Деп. ВИНИТИ, №2221-74 Деп.

10. W.Däppen, //J.Phys.B, 1977, v.10, 2399

11. H.Danared, //J.Phys.B, 1984, v.17, 2619

12. J.Burgdörfer, J.Wang, A.Barany, //Phys.Rev. A, 1988, v.38, 4919

13. J.Wang, J.Burgdörfer, A.Barany, //Phys.Rev. A, 1991, v.43, 4036

14. В.И.Манько, А.С.Чихачев, //ЖЭТФ, 1998, т.113, 606

15. А.С.Чихачев, //ТМФ, 2005, т. 145, №3, 385.

16.А.С.Чихачев, //ЖЭТФ, 1995, т. 107, № 4, 1153.

17. G.Scheitler, M.Kleber, //Phys.Rev. A, 1990, v.42, 55

18. В.И.Манько, А.С.Чихачев, //ЯФ, 2001, т. 64, №8, с. 1533.

19.V.V,Dodonov, V.I.Man'ko, D.T.Nikonov,// Phis.Lett.A, 1992, v.169, 359

20.A.I.Baz',Ya.B.Zel'dovich and A.M.Perelomov, *Scattering Reactions and Decays in Nonrelativistic Quantum Mechanics,* 2nd ed. ,(Nauka, Moscow,1971).

21.1.S.Albeverio, F.Gestesy, R.H.Hoegh Krohn, H.Holden. Solvable models in Quantum Mechaniks. Springer-Vrlag, 1988.

22. Г.Бейтмен, А.Эрдейи. Высшие трансцендентные функции. ч.II, Наука, М.,1974.

23. А.С.Чихачев, //ЖЭТФ, 2004, т.125, с.1012.

24A.S.Chikhachev, //JRLR,2005, v. 26, No4, pp.273-276

25.A.S.Chikhachev,// JRLR,2005, v. 26, No1, pp.33-41.

26..A.S.Chikhachev, //JRLR, v. 31, Number 4, 2010, 246-249

27.Голдстейн Г. Классическая механика. М.: ГИТТЛ

28.А.С.Чихачев, //ЖТФ, 2010,т. 80,№1,с.151-153.

29.A.S.Chikhachev, //J RLR, 2010, v. .31, No2, pp. 101-104

30.H.E.Barminova, A.S.Chikhachev, //JRLR, 2011, v. 32, No3, pp.212-216

31.Чихачев А.С. Кинетическая теория квазистационарных состояний пучков заряженных частиц. М.: Физматлит, 2001.

32.Капчинский И.М. Теория линейных резонансных ускорителей. Динамика частиц. М.: Энергоиздат,1982.

33. Efthimiou C.J., Spector D. // Phys. Rev. A. 1994. v. 49. N 4. pp. 2101-2112

34.C.Groshe, SISSA Rep. No SISSA/2/93/FM

35.MestscherskyJ. //Astron.Nachr.,1893, v.132, p.129; Astron.Nachr.,//1902, v.159, p.229.

36.А.С.Чихачев, //ЖТФ, 2006, т.76. №7, с.136-137.

37.Саранцев В.П., Перельштейн Э.А.Коллективное ускорение ионов электронными кольцами. М.: Атомиздат, 1979.

38.Чихачев А.С. //ЖЭТФ, 2006, т.130, 917-921

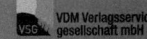